"十二五"国家重点图书出版规划项目

交通运输建设科技丛书·水运基础设施建设与养护

Study on the Upstream Navigation Conditions in Flood Season
Daily Regulations of the Three Gorges Project Power Station

三峡电站汛期日调节上游通航水流条件研究

孟祥玮　周华兴　郑宝友　戈龙仔　著

U0351197

人民交通出版社股份有限公司

China Communications Press Co.,Ltd.

内 容 提 要

本书介绍了三峡工程电站汛期日调节条件下的上游通航水流条件研究成果。三峡枢纽汛期上游水位低(145m),电站日调节流量变化是影响上游引航道水流条件的控制因素之一。利用物理模型试验和数值计算,在坝前库区不同的淤积地形条件下,进行了电站机组不同开启方式及与船闸灌水联合运行的系列试验研究。通过研究,获得了三峡上游河道及引航道水力要素、波动特性等通航水流条件,建立了各因素与电站调节流量的关系,总结了其变化的规律。成果表明,在双线船闸灌水和电站日调节同时运行且日调节流量较大的条件下,上游引航道口门区及船闸(升船机)闸首处会出现不利的通航水流条件。这种情况可利用周期相近的波动叠加抵消原理及导航隔流堤根部开口措施予以改善。另外书中对船闸灌水(双、单)运行原型观测成果及模型试验关键技术等做了介绍,对有关问题进行了分析。

本书可供三峡电站机组调节时参考应用,也可供水利枢纽通航设计、科研人员、大专院校师生及管理者参考借鉴。

图书在版编目(CIP)数据

三峡电站汛期日调节上游通航水流条件研究/孟祥玮等著. —北京 : 人民交通出版社股份有限公司,2015.11

ISBN 978-7-114-12650-5

Ⅰ. ①三… Ⅱ. ①孟… Ⅲ. ①三峡水利工程—水力发电站—汛期—上游—水流条件—研究 Ⅳ. ①TV737

中国版本图书馆 CIP 数据核字(2015)第 283917 号

"十二五"国家重点图书出版规划项目
交通运输建设科技丛书·水运基础设施建设与养护

书　　名:三峡电站汛期日调节上游通航水流条件研究
著 作 者:孟祥玮　周华兴　郑宝友　戈龙仔
责任编辑:曲　乐　黎小东
出版发行:人民交通出版社股份有限公司
地　　址:(100011)北京市朝阳区安定门外外馆斜街 3 号
网　　址:http://www.ccpress.com.cn
销售电话:(010)59757973
总 经 销:人民交通出版社股份有限公司发行部
经　　销:各地新华书店
印　　刷:北京鑫正大印刷有限公司
开　　本:787×1092　1/16
印　　张:12.75
字　　数:289 千
版　　次:2015 年 12 月　第 1 版
印　　次:2015 年 12 月　第 1 次印刷
书　　号:ISBN 978-7-114-12650-5
定　　价:45.00 元

交通运输建设科技丛书编审委员会

总　序

近年来，交通运输行业认真贯彻落实党中央、国务院"稳增长、促改革、调结构、惠民生"的决策部署，重点改革力度加大，结构调整积极推进，交通运输科技攻关不断取得突破，促进了交通运输持续快速健康发展。目前，我国公路总里程、港口吞吐能力、全社会完成的公路客货运量、水路货运量和周转量等多项指标均居世界第一。交通运输事业的快速发展不仅在应对国际金融危机、保持经济平稳较快发展等方面发挥了重要作用，而且为改善民生、促进社会和谐做出了积极贡献。

长期以来，部党组始终把科技创新作为推进交通运输发展的重要动力，坚持科技工作面向需求，面向世界，面向未来，加大科技投入，强化科技管理，推进产学研相结合，开展重大科技研发和创新能力建设，取得了显著成效。通过广大科技工作者的不懈努力，在多年冻土、沙漠等特殊地质地区公路建设技术，特大跨径桥梁建设技术，特长隧道建设技术，深水航道整治技术和离岸深水筑港技术等方面取得重大突破和创新，获得了一系列具有国际领先水平的重大科技成果，显著提升了行业自主创新能力，有力支撑了重大工程建设，培养和造就了一批高素质的科技人才，为交通运输科学发展奠定了坚实基础。同时，部积极探索科技成果推广的新途径，通过实施科技示范工程，开展材料节约与循环利用专项行动计划，发布科技成果推广目录等多种方式，推动了科技成果更多更快地向现实生产力转化，营造了交通运输发展主动依靠科技创新，科技创新服务交通发展的良好氛围。

组织出版《交通运输建设科技丛书》，是深入实施创新驱动战略和科技强交战略，推进科技成果公开，加强科技成果推广应用的又一重要举措。该丛书分为公路基础设施建设与养护、水运基础设施建设与养护、安全与应急保障、运输服务和绿色交通等领域，将汇集交通运输建设科技项目研究形成的具有较高学术和应用价值的优秀专著。丛书的逐年出版和不断丰富，有助于集中展示和推广交通运输建设重大科技成果，传承科技创新文化，并促进高层次的技术交流、学术传播和专业人才培养。

今后一段时期是加快推进"四个交通"发展的关键时期，深入实施科技强交战略和创新驱动战略，是一项关系全局的基础性、引领性工程。希望广大交通运输科技工作者进一步解放思想、开拓创新，求真务实、奋发进取，以科技创新的新成效推动交通运输科学发展，为加快实现交通运输现代化而努力奋斗！

王昌顺

2014 年 7 月 28 日

前　言

　　三峡水利枢纽工程从 1994 年 12 月 14 日正式开工,1997 年 11 月 7 日大江截流,2002 年 11 月 6 日导流明渠截流,2003 年 6 月大坝关闸蓄水,永久船闸试通航,2003 年 8 月首批机组正式并网发电,主体工程建设已于 2009 年完工。三峡工程总体建成并按正常蓄水位 175 米运行后,取得了防洪、发电和航运的巨大综合效益。此外,三峡水库还兼有发展水产、开发沿江旅游资源等多方面的效益。

　　三峡工程规模巨大、技术复杂、投资多、周期长,从 20 世纪 50 年代开始,有关部门和广大科技人员进行了大量的勘测、科研、设计和试验工作。1984 年,国务院曾原则批准三峡工程正常蓄水位 150 米方案可行性研究报告。150 米方案水库尾水在长寿附近,对重庆航运不利。四川省为此提出许多意见和建议,国务院采用了这些建议并责成原水利电力部组织专家分 14 个专题进行论证。1989 年,长江水利委员会根据论证成果,编制了三峡工程正常蓄水位 175 米方案可行性研究报告。三峡工程坝区河势复杂,年内通航流量变幅大、通航期长。根据研究,建坝后泥沙淤积加重,会使河势不断发生变化。通航建筑物上下游引航道口门区受弯道约束,水流条件将十分复杂,是三峡工程通航的技术关键。

　　交通运输部天津水运工程科学研究院在"七五"、"八五"和"九五"期间,为了配合三峡工程的可行性论证、初步设计以及技术设计阶段的工作内容,对三峡工程通航水流条件进行了大量试验研究工作。先后采用了五座定床正态整体水工模型,为决策部门优选通航建筑物布置方案提供了科学依据。

　　1985 年~1990 年进行了"七五"国家重点科技攻关项目:"三峡工程坝区泥沙及通航条件研究专题"的科研工作。主要研究船闸的两类布置形式,即连续梯级式和带中间渠道分散式。正常蓄水位 150 米方案:为双线连续四级船闸和设中间渠道的双线两级船闸。正常蓄水位 175 米方案:为双线连续五级船闸和设中间渠道的双线三级船闸。随着论证工作的深入,研究重点逐渐转入正常蓄水位 175 米方案。

　　1991 年~1995 年进行"八五"国家重点科技攻关项目:"三峡工程坝区泥沙淤积对通航和发电的影响及防治措施优选研究专题","三峡工程坝区通航水流条件与通航建筑物布置优化研究子题"。在"七五"科技攻关研究的基础上,先后对通航建筑物初步设计阶段原布置的"小包长堤"方案以及无堤方案和技术设计阶段的660米短堤方案、"大包"方案的引航道及其口门区、连接段的通航水流条件、泥沙淤积和往复流进行了试验研究,给出了各方案在各个运行期的试验成果。

1996年进行"三峡工程坝区通航水流条件试验研究"及"枢纽泄洪及船闸灌泄水引航道内非恒定流对通航水流条件的影响及改善措施研究"。根据1996年5月三峡工程航运与泥沙专家组联席会议决定,进一步完善三峡工程通航建筑物上游引航道布置方案,着重研究通航建筑物上游引航道全包方案口门区及其与航道连接段的通航水流条件,提出了上游引航道优化布置方案。

"八五"和"九五"的研究表明,大包或全包方案结合上游引航道口门位置优化,可以较好地解决船闸输水系统侧向进水口泥沙淤积,升船机上游引航道泥沙淤积和通航水流条件,解决引航道内防漂,以及引航道内往复流引起的不良流速流态对停泊船舶缆绳拉力等的影响,结合其他措施,可基本解决升船机的允许水位波动问题。

2000年3月~2001年9月,开展"三峡枢纽通航建筑物引航道口门区、连接段船模航行条件及改善措施试验研究"。应用1:100正态水工模型,进一步研究50+4年和70+6年淤积地形条件下,引航道口门区及连接段的通航水流条件。对上游航道着重研究九岭山附近航行条件,下游着重研究鹰子嘴附近新建重件码头造成连接段航线偏移对航行的不利影响,并提出改善措施。

2002年~2003年进行了50+4年、70+6年淤积地形条件下的库区汛期日调节物理模型试验。重点研究日调节流量变化对上游引航道及口门区通航水流条件的影响。枢纽电站日调节的流量变化导致水库水位周期性起伏。试验对主河道、船闸引航道及口门区的水位变化规律进行了研究,分析了大坝起始下泄流量、电站调节流量、调节时间等因素对波动幅度的影响。

2006年11月~2008年12月,开展了"三峡枢纽运行初期非恒定流对上游引航道及口门区通航水流条件的影响及对策研究"。利用delft3D三维水流数学模型软件包,建立了坝上160km河段的非恒定流数学模型。研究表明,三峡枢纽船闸灌水、电站调节及两者联合运转在坝区上游引航道会形成非恒定流流动,并提出了减小引航道内波高的工程措施和调度运转措施。研究成果可直接为三峡工程枢纽调度服务。

以上是交通运输部天津水运工程科学研究院针对三峡枢纽工程通航水流条件开展的一系列科学研究工作简况。前期的研究成果读者可以参考相关的书籍资料。本书则主要介绍后期开展的三峡电站汛期日调节上游通航水流条件研究的相关成果。由于作者水平所限,书中错漏难免,还请各位读者批评指正。

本书涉及的研究工作是在各级领导关心和支持下完成的,是集体劳动的成果,也是集体智慧的结晶。在此感谢交通运输部多年来对三峡航运科研工作的支持,感谢所有为本书科研成果奉献力量的专家、领导和同事!

作　者

2015 年 10 月

目　　录

第1章 绪 论

1.1 引 言

三峡工程是目前世界上最大的水利枢纽工程,能够发挥防洪、发电以及通航等多方面的综合效益。例如,三峡工程防洪能控制千年一遇洪水,电站总装机容量达 $2250 \times 10^4 kW$,通航则有双线连续五级船闸和 3000t 级垂直升船机等。三峡大坝总水头 113m,相对坝高 185m,坝轴线全长 2309m,泄流坝长 483m,最大泄洪能力达 10.25 万 m^3/s。

根据系列模型试验研究,三峡工程建成后,水库运行不同年份的库区淤积程度不同。在由空库开始到淤积平衡过程中,河势和水流动力特性的演变趋势为:深槽淤高,库区河道平均流速增大,受河岸两侧山嘴影响,会出现不同程度的挑流和不稳定涡流。

三峡水利枢纽工程应充分发挥水资源的综合效益,研究坝前不同淤积地形条件下,枢纽泄洪、电站日调节、船闸灌水等对通航水流条件的影响有十分重要的意义。

电站日调节是根据每日用电需求,以 24h 为周期对发电量进行调节。调节过程中,通过电厂的流量会发生变化,上下游水流一般属明渠非恒定渐变流。明渠非恒定流是一种波动现象,主要依靠重力传播。与海洋或湖泊中的风成波不同,明渠非恒定流具有传递流量的性质,波动所到之处,河道断面水位及流量均会发生变化,各过水断面水位流量关系一般不是单值对应关系。研究电站日调节非恒定流的目的,主要是寻找上下游航道中的水深、流速、流态等随时间和空间的变化规律,从而确定对船舶(队)航行影响的程度,并提出改善措施。

日调节过程中,由于过坝流量频繁变化,上下游船闸引航道口门出现横流,引航道内出现水位波动,严重时影响船舶正常航行。电站日调节不稳定流对通航的影响,以往的研究大部分针对下游航道。下游水位陡涨陡落,会影响船舶(队)正常的航行和港口作业。电站日调节下泄最小流量往往小于枯水期最小流量,从而使下游通航水位下降,枯水流量历时延长,对航运影响很大。日调节非恒定流对下游河床影响较大,使得航道不稳定,航政复杂化。流量快速变化导致航道水面比降增加,如果当时流速较大,就可能影响船舶(队)的正常航行。

根据三峡水库运行调度方案,曾进行水库枯水季节 175m 水位条件下,电站日调节非恒定流对航行条件影响的研究,重点是三峡下游至葛洲坝间 38km 航道。至于上游电站枯水期日调节引起的流量变化,由于水库水位高,河道宽阔,水深大,过流面积大,在库区形成的流速、比降、波高均较小,对航运影响甚微。

根据三峡水库运行要求,每年的 6 月中旬~9 月底水库水位保持在 144.0~145.0m。该时间段内,水库上游水位较低,属汛期。为了充分发挥三峡枢纽发电效益,三峡电站拟在汛期进行电站日调节。三峡电站汛期上游水位低,日调节流量大,流量变幅大,其调峰运行方式与枯水期有较大的不同。

为了解船闸灌水、电站日调节及两者联合运行时汛期上游引航道水流的运动规律,研究引航道水力要素对船舶航行与停泊安全的影响,寻求水流条件改善措施,以确保船闸和升船机本身的运转安全,首先利用1:100三峡库区70+6年淤积平衡地形开展了物理模型试验研究,随后又针对50+4年淤积地形开展了水力学试验,最后针对坝前空库(原地形)条件开展了数值计算。

研究表明,船闸灌水、电站日调节及两者联合运转的非恒定流运动,会使大量水体流出或流入上游引航道,在引航道内形成周期性的水位升降运动,即往复流。如果引航道往复流过大,则会对通航水流条件产生不利影响,如在船闸人字门产生反向水头,影响升船机的误载水深,在口门区产生较大的横向流速,影响船舶航行安全等。随着水库运转年份加长,库区淤积逐渐增加,水流条件逐渐变差。

1.2 研究现状

欧美国家电站日调节影响通航的例子不多,研究的重点主要是电站调节对河流环境的影响。船闸引航道与中间渠道工程,苏联、巴西、加拿大工程实践最多,其次是德、美、法等国家。这些国家针对船闸引航道和中间渠道的涌浪等问题,结合具体工程进行了大量的研究。其研究的方法和成果对电站日调节非恒定流研究有极其重要的借鉴意义,由于相关文献很多,这里不再赘述。国内关于明渠非恒定流的研究资料也很多,可为电站日调节非恒定流研究提供参考。

在我国,电站日调节对下游航运产生极其不利的影响,实例较多。根据有关资料,赣江万安枢纽,因电站调峰,曾经每日夜间发电3~4h,其余时间,只供电厂用电,下泄流量极小,万安至吉安115km河道基本断流,无法航行。富春江七里垄电站1976年5月一艘20t的石灰船停泊在坝下2.5km的沙湾码头卸货,电站突然关机停水,水位骤减,船舶断缆翻沉。同年7月该港又有一艘停靠码头装石灰的船只,因下午2时电站突然开机发电,码头前水位猛增,船舶受冲击沉没。湖南柘溪枢纽自投入营运至1986年,船舶发生搁浅、翻沉事故共325艘次,损失船只172艘。贵州乌江渡电站,枯季下泄流量原定为200m³/s,1989年元旦前后,由于电力调度关系,下泄流量骤减至100m³/s左右,致使下游龚滩至武隆断航。

以上例子足见电站日调节对下游航运影响的极端严重性。在电站调峰与航运这对矛盾中,电站调峰常居主导和优势地位,航运如何生存、发展是个亟待解决的问题。电站日调节对下游通航水流条件的影响问题,主要的研究手段是原型观测、计算分析和模型试验。我国已建水电站由于调峰流量变化而影响通航的例子如下,其中已经有针对性地开展了研究工作,寻找了改善措施,也得到了一定认识。

(1)碧口水电站建在嘉陵江支流白龙江上游的甘肃省文县碧口镇,为季调节电站。为了解决电站泄量变化对下游航道、港口、船舶运输的影响,掌握电站下游水位、水深、流量的变化规律,以及河槽调蓄与电站泄流的关系,从1980年4月~1981年3月,对电站下游664km河道进行了原型观测。通过分析研究,得到如下认识:电站负荷调节产生不稳定流,波的传播特性随河槽形态、河床坡降变化而变化,并随流量组合变化方式而不同;电站负荷调节产生的不稳定流波为变化频繁的复合波,其波动频率随传播距离的增加而减小。

(2)位于四川岷江支流大渡河上的龚咀水电站于 1971 年建成,自投入运转以来,由于调峰的幅度较大,使下游航道水深不稳定,时涨时落,水位变幅很大,破坏了水流的稳定,恶化了原河道的通航水流条件,使大渡河、岷江河段每天可通航时间减少。船舶减载,港口码头物资积压,海损事故也有所增加。为了克服电站调峰对航运的影响,拟定了如下措施:预报调峰水位,使航运部门可以根据预报的水情,做出相应的安排,按峰、谷沿程传播的实际情况进行水上作业;在下游修建一座具有 3000 万 m³ 反调节库容的航运梯级枢纽。该工程建成后,电站不担负调峰任务,起以电养航的作用。

(3)湖北丹江口水电站是华中电网中的主力电厂,担负着电力系统的调峰、调频、调相负载配用和事故配用的任务。自工程建成投入运用以后,由于大容量的调节,也给航运带来影响,表现在由日变幅所引起的低谷水的传播,使浅滩水深减小,造成船舶搁浅等。还有水库上游干流石泉水电站和支流黄龙滩水电站均有日调节任务,泄流不稳定,特别是停机时,下泄流量为零,严重影响丹江口水库变动回水区的航深,从而给航运造成一定困难。

(4)针对水电站不均匀泄流对下游航道的影响,1978 年 1~4 月在广西的融江、柳江上进行了重点观测。发现由于电站调节导致枯水季径流量减小,水位日变幅加大,直接影响通航水深减小,通航保证率降低,同时由于不稳定流的影响导致航行条件变差。

(5)电站日调节对库区通航水流条件影响的研究并不多见,主要原因是库区水深比下游大得多,水流条件一般较好。南京水制科学研究院吴时强等利用库区水流二维数学模型,对凌津滩水电站 8 台机组由满负荷发电在 6s 内减少至 60% 负荷时(流量减小 1280m³/s)的库区涌浪进行计算。研究表明,甩荷前水电站在稳定的正常运行下是恒定流动,上游引航道口门处水流较为平顺,甩荷后库区水流向引航道内流动,随着水位的波动,口门处水流也会向航道内流动,随波动的衰减,逐渐又恢复到恒定流动。上闸首处由于波的反射叠加作用,水位波动最大达到 0.54m,引航道口门处横向流速 0.21m/s。

(6)向家坝水电站是金沙江梯级开发中的最末一个梯级,坝址位于四川与云南交界的水富港以上 3km,是一座以发电为主,兼具航运、防洪、灌溉、生态、拦沙等综合效益的巨型水电站,并对溪洛渡水电站进行反调节。电站于 2006 年 12 月 26 日开工,2008 年 12 月完成了大江截流,2012 年首批机组发电。

针对向家坝电站工程,研究了日调节非恒定流对坝下航道设计水位、航道流速、消滩与船舶航行情况的影响。结果表明,向家坝电站瞬时下泄流量不小于设计最小通航流量,日调节期间坝下各险滩的航道水深满足要求;电站日调节的涨水流速一般大于落水期同流量下的流速,并使航道最大流速稍有增加;电站日调节将引起个别滩段、部分时段的消滩水力指标不能满足要求;电站日调节时船舶上下行的操舵范围与漂角、对岸航速极值范围较恒定流时增大,且涨水期间的操舵范围大于落水期间。

(7)景洪水电站位于澜沧江干流下游,云南省西双版纳首府景洪市北郊约 5km 处,是澜沧江中下游梯级开发规划中的第 6 级电站,根据有关航运规划,澜沧江航道等级为 V 级。电站工程建成后,由于景洪水电站装机容量大、引用流量多,电站及大坝泄流可能对下游引航道口门区通航水流条件带来不利影响;同时为适应电力日负荷变化的要求,电站日下泄流量过程将相应呈现陡增陡降的特性,从而引起坝下游河道水流出现非恒定流的特征,使河道水流条件与天然情况相比发生较大变化,对坝下河段通航水流条件造成较大影响。

电站运行工况中的流量最大日变幅以及小时变幅是影响下游水位变化特征参数的两个重要因素。

由于景洪电站日调节过程中下引航道内水面存在频繁的波动现象,对升船机承船厢与下游水位的正常对接产生不利影响,建议采取措施,如增设辅助闸门等,以减小水面波动的影响,确保船舶安全顺利进出承船厢。

有关文献中,电站日调节对下游航运的影响概括起来有以下几点:

①径流量年内分配的变化;

②日水位巨幅波动;

③中枯水位历时延长流量减小;

④水力要素的变化:主导波为运动波,涨落水时水面出现附加比降;

⑤涨水时船舶上滩阻力增大;

⑥日调节波对河床演变的影响:水位频繁的陡涨陡落加剧了岸滩的坍塌;大、小水频繁交替出现加剧了边滩的不稳定性,过渡性浅滩淤积加剧;涨水淤滩落水淤槽。沙波运动的连续性受到破坏;水位陡涨陡落河床冲淤多变加剧航道不稳定性;

⑦水位陡涨陡落对整治建筑物的破坏;

⑧影响船舶装卸作业及船舶系缆力等。

(8)关于三峡电站日调节问题的研究。关于三峡电站枯水季日调节通航水流条件问题,研究重点在两坝间(三峡大坝—葛洲坝)航道。西南水运工程科学研究所的研究表明,非汛期电站日调节时,虽然两坝间水位日变幅可达4m多,小时涨率1m以上,但是两坝间各河段流速、比降综合值仍未超过万吨级船队航行的允许值,无碍航流态,水流阻力小于推轮的有效推力,船舶(队)可以在电站日调节情况下正常航行。

国内多家研究单位针对三峡工程上下游引航道的通航水流条件问题,进行过多年的研究。主要是研究水库运行到一定年份以后,泥沙淤积对通航水流条件的影响。而空库条件下的上游引航道,则被认为水流条件的问题不大,并且基本上没有考虑水库运行初期汛期的电站日调节问题。

随着工程进展,对汛期日调节也进行了比较深入的研究。长江科学院进行了三峡电站汛期调峰两坝间水流条件模型试验研究。西南水运工程科学研究所进行了三峡电站汛期调峰对两坝间通航条件的试验研究。两个单位的研究结果表明,三峡电站汛期进行一定容量的日调节是可行的。同时认为,汛期调峰与枯水期调峰有很大差异,三峡电站汛期调峰两坝间下泄的日平均流量大,调峰在两坝间产生的非恒定流将加剧。

(9)水电站日调节对河流生态环境评价研究。一些学者从表征水电站日调峰特征出发,参照生态水文参数中的频率、大小、变化率、时间等生态角度概念,建立了由发电水流脉冲的频率、大小、历时等指标组成的评价体系。

天然条件下河川径流一昼夜里基本上是均匀的(汛期除外),但是电站日调节产生的下泄非恒定流则是随电力系统日负荷的变化而变化的,从而改变坝下河道径流的日内分配,破坏河流日水文过程。

国外已有一些研究工作指出水电站日调节泄流对河流生物的生存繁衍产生影响,部分研究成果说明,水电站影响下的非天然日流量过程,使得有些昆虫的蛹和一些无脊椎动物由于无法适应高流速或搁浅等原因,导致物种丰度减小,现存量减小。国内学者也已开始对水电站日调节对水生生物条件影响的评价指标进行初步的探讨。

在水利工程的日调节作用下,河流日内水位发生与自然条件下迥异的陡涨陡落现象,改变河流生境特征,对河流生态环境造成影响。文章借用生态水文参数中的频率、大小、变化率、时间等生态角度的概念,综合水电站日调峰特征,建立水位涨落频率、大小、变化率、时间等评价指标体系,并通过水阳江支流西津河流上港口湾水库的水位过程影响进行了实例分析。研究成果对于水利工程生态影响评价具有一定的指导意义。

1.3 研究主要内容

(1)在三峡枢纽空库及不同淤积地形条件下,根据电站运行工况,研究电站调节与船闸灌水引航道非恒定流运动规律,寻找水力要素(流速 v 、波高 ΔH 、水面比降 j)与调节流量 ΔQ 的关系。试验主要有以下几种工况:

①电站机组 $\Delta t = 2\min$ 启(闭)增(减)负荷;

②电站机组甩负荷,即 $\Delta t \approx 0\min$;

③电站机组不同启(闭)时间,即 $\Delta t = 0$ 、2、4、6(min);

④电站机组错时启(闭);

⑤电站机组不同位置启(闭);

⑥电站日调节与船闸灌水联合运行;

⑦船闸(单、双)灌水引航道非恒定流运动规律等。

(2)利用以下几种方法,研究水流条件改善措施。

①双线船闸合理错时开启时间研究;

②电站机组合理错时开启时间研究;

③电站机组增(减)负荷与双闸灌水联合运转;

④导航隔流堤开口。

第2章 研究依据

2.1 工程概况

三峡水利枢纽工程,由重力式溢流坝、水电站和通航建筑物三部分组成,大坝全长2309m,坝顶高程185m。水电站装机共32台,总装机容量2250×10^4kW。通航建筑物为双线连续五级船闸和一级垂直升船机。

三峡船闸总设计水头113m,中间级最大工作水头45.2m,闸室平面有效尺寸(长×宽)280m×34m,槛上最小水深5m。闸室工作门均为人字闸门,阀门为反弧门。船闸上游输水系统进口采用正向进水,闸室底部输水廊道立交分流,按4区段8支廊道顶部加消能盖板的出水形式。末级闸室泄水系统分主、辅泄水系统,主泄水系统经末级闸室的泄水廊道,横穿下游引航道,从隔流堤外侧泄入长江,辅助泄水系统通过第六闸首短廊道泄入下游引航道。

三峡升船机采用"全平衡齿轮齿条爬升及短螺杆长螺母柱安全保障的一级垂直升船机"技术方案。最大过船吨位为3000t级,承船厢内有效水域为长120m、宽18m、水深3.5m。驱动系统允许船厢误载水深±5cm,电机功率8×250kW。当船厢与闸首对接过程中误载水深超过±5cm时,需启动船厢两端的可逆水泵系统进行调节。

船闸与升船机共用引航道。上游引航道采用长堤全包形式,隔流堤为复式梯形断面,边坡坡度1:2,隔流堤全长2720m,堤顶高程150m,堤头在祠堂包上游390m处。船闸上游引航道直线段930m,直线段末端左右侧设不对称的9个靠船墩,长200m。直线段往上游连接半径为1000m,圆心角为42°弯段,再接450m的直线段到上游引航道口门。引航道底宽180m,口门宽220m,引航道底高程为130m,其相交的三角地带总面积约113×10^4m²,整个航道的平面布置呈不规则的梯形状。

2.2 地形资料

(1)三峡工程运行70 + 6年和50 + 4年物理模型上游淤积地形采用南京水利科学研究院的泥沙模型试验结果,分别见图2.2-1、图2.2-2。

(2)采用2006年测绘的三峡大坝上游约160km的地形资料,计算范围见图2.2-3,建立相应的数学模型。

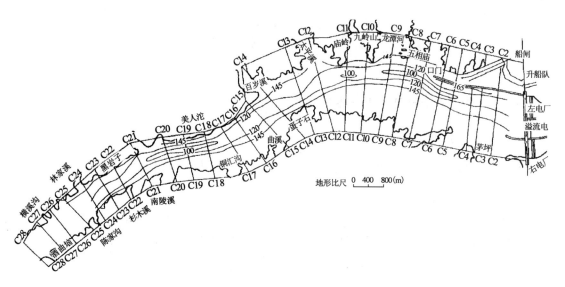

图 2.2-1 全包方案 70 + 6 年上游淤积地形

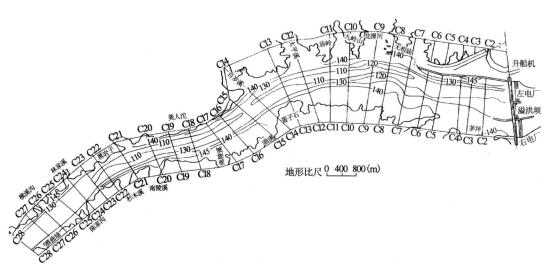

图 2.2-2 全包方案 50 + 4 年上游淤积地形

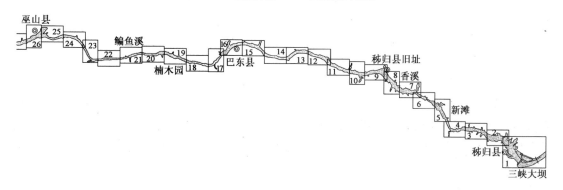

图 2.2-3 三峡大坝至上游 160km 河道地形图

2.3 电站运行工况

2.3.1 70+6年与50+4年淤积地形

1)水库运行工况

库水位在144～145m之间变化,过坝流量在2800～24600m³/s之间变化。

2)船闸运行工况

船闸与日调节共同运行时,船闸第一级闸首人字门开启,第二级闸室灌水。船闸输水廊道阀门开启时间2min,水头19.75m,输水时间16.9min,单闸从引航道取水最大流量280m³/s,双闸取水最大流量560m³/s。船闸灌水水力特性曲线见图2.3-1。

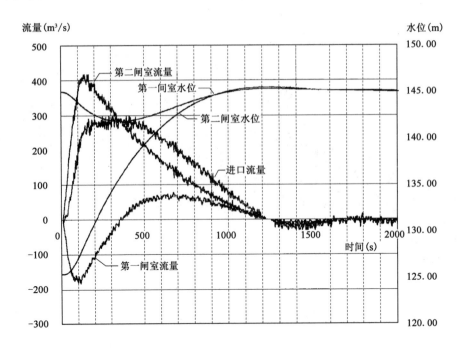

图2.3-1 船闸灌水水力特性曲线

3)日调节方案

依据设计单位提出的日调节方案,日调节以24h为单位连续进行。由于模型边界条件有限,不可能连续进行24h的日调节试验。根据经验,水流条件最不利的时刻应该是在流量发生变化以后的一段时间出现。为了能正确反映日调节过程中流量变化时的通航水流条件,试验单独模拟每一次典型的流量变化情况。最终确定的三峡大坝下泄流量变化值见表2.3-1。

电站日调节大坝流量变化表(m³/s)　　　　　　　　　　　　　　表2.3-1

日调节容量	日均流量10000m³/s			日均流量15000m³/s			日均流量20000m³/s		
	Q_1	Q_2	Q_2-Q_1	Q_1	Q_2	Q_2-Q_1	Q_1	Q_2	Q_2-Q_1
600万kW	5600	10000	4400	10500	15000	4500	15400	20000	4600
	10000	14400	4400	15000	19500	4500	20000	24600	4600
	14400	10000	-4400	19500	15000	-4500	24600	20000	-4600
	10000	5600	-4400	15000	10500	-4500	20000	15400	-4600
800万kW	4200	10000	5800	9000	15000	6000	15400	20000	4600
	10000	15800	5800	15000	21000	6000	20000	24600	4600
	15800	10000	-5800	21000	15000	-6000	24600	20000	-4600
	10000	4200	-5800	15000	9000	-6000	20000	15400	-4600
1000万kW	2800	10000	7200	8000	15000	7000	15400	20000	4600
	10000	17200	7200	15000	22000	7000	20000	24600	4600
	17200	10000	-7200	22000	15000	-7000	24600	20000	-4600
	10000	2800	-7200	15000	8000	-7000	20000	15400	-4600

注:Q_1为电站流量改变前的过坝流量,定义为起始流量;Q_2为电站流量改变后的过坝流量;
　　$\Delta Q = |Q_2 - Q_1|$定义为调节流量。

表中起始流量涵盖了试验方案不同日调节组合的流量变化,调节流量也涵盖了从小到大可能出现的情况。表中日均流量是指每日流入水库的流量平均值。研究在一定的起始流量(Q_1)条件下,电站日调节流量变化$\Delta Q = |Q_2 - Q_1|$对通航水流条件影响的规律。

2.3.2　坝前原空库地形

1)水库运行工况

三峡水库的调度原则:①兼顾防洪、发电、航运、排沙要求,充分发挥最大的综合效益;②汛期以防洪、排沙为主,发电服从防洪和排沙;③枯水期要兼顾发电和航运。

三峡工程初期运行调度方式是:汛期三峡坝上水位一般稳定在144~145m之间。

电站日调节需要开启和关闭机组,水库下泄流量选用15000m³/s,即所有计算工况均选择起始流量即水库下泄流量15000m³/s的条件进行。

2)船闸运行工况

双线船闸运转方式可以概括为单闸灌水、双闸同时灌水和双闸错时灌水三种情况,也可概括为双闸错时灌水。当错开时间为零时,为双闸同时灌水,错开时间极大时为单闸灌水。不同灌水方式主要表现在从引航道流入水量的差异。

船闸运行工况:水头差19.32m,阀门开启时间4.3min,灌水时间14.87min,单闸灌水最大

瞬时流量 $Q = 435.3\text{m}^3/\text{s}$,双闸错时灌水时,部分流量或全部流量相叠加,最大流量在 435.3 ~ 870m^3/s 之间变化。

经综合考虑,采用图 2.3-2 所示船闸灌水流量过程曲线,作为船闸运行代表工况,进行船闸灌水及与日调节相互影响的非恒定流计算。

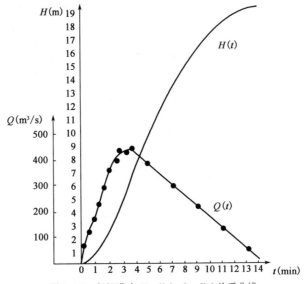

图 2.3-2 船闸灌水 $H = f(t)$、$Q = f(t)$ 关系曲线

3)电站日调节工况

电站日调节是根据电网一天 24h 用电情况,对电站机组出力过程进行人为调节,方法是根据调度曲线对机组下泄流量进行调节,调节方式主要有机组增负荷开启与减负荷关闭两种情况。

非恒定流的产生是由于流量的变化,因此,确定电站日调节以机组增负荷开启、机组减负荷关闭以及日调节与船闸双闸同时灌水联合运行为主。根据对三峡电站日调节调度方式的分析,最大调节流量是 7200m^3/s,因此模型采用日调节流量为 1000 ~ 8000m^3/s 共 8 级流量,能够涵盖电站日调节的流量变化范围。根据对三峡电厂机组运转情况的调研,电站机组开启与关闭的时间确定为 2min。

三峡电站日调峰容量见表 2.3-2。

三峡电站日调峰容量 表 2.3-2

时间	日调峰容量约 800 万 kW				日调峰容量约 1000 万 kW				日调峰容量约 600 万 kW		
	日平均流量（m^3/s）				日平均流量（m^3/s）				日平均流量（m^3/s）		
	10000	15000	20000		10000	15000	20000		10000	15000	20000
1:00	4200	9000	15400	*12600	2800	800	15400	*10400	5600	10500	15400
2:00	4200	9000	15400	*12600	2800	800	15400	*10400	5600	10500	15400
3:00	4200	9000	15400	*12600	2800	800	15400	*10400	5600	10500	15400
4:00	4200	9000	15400	*12600	2800	800	15400	*10400	5600	10500	15400
5:00	4200	9000	15400	*12600	2800	800	15400	*10400	5600	10500	15400

时间	日调峰容量约800万kW				日调峰容量约1000万kW				日调峰容量约600万kW		
	日平均流量（m³/s）				日平均流量（m³/s）				日平均流量（m³/s）		
	10000	15000	20000		10000	15000	20000		10000	15000	20000
6:00	4200	9000	15400	*12600	2800	800	15400	*10400	5600	10500	15400
7:00	10000	15000	20000	*20000	10000	15000	20000	*17500	10000	15000	20000
8:00	10000	15000	20000	*20000	10000	15000	20000	*17500	10000	15000	20000
9:00	15800	21000	24600	*24600	17200	22000	24600	*24600	14400	19500	24600
10:00	15800	21000	24600	*24600	17200	22000	24600	*24600	14400	19500	24600
11:00	15800	21000	24600	*24600	17200	22000	24600	*24600	14400	19500	24600
12:00	10000	15000	20000	*20000	10000	15000	20000	*17500	10000	15000	20000
13:00	10000	15000	20000	*20000	10000	15000	20000	*17500	10000	15000	20000
14:00	10000	15000	20000	*20000	10000	15000	20000	*17500	10000	15000	20000
15:00	10000	15000	20000	*20000	10000	15000	20000	*17500	10000	15000	20000
16:00	10000	15000	20000	*20000	10000	15000	20000	*17500	10000	15000	20000
17:00	10000	15000	20000	*20000	10000	15000	20000	*17500	10000	15000	20000
18:00	10000	15000	20000	*20000	10000	15000	20000	*17500	10000	15000	20000
19:00	15800	21000	24600	*24600	17200	22000	24600	*24600	14400	19500	24600
20:00	15800	21000	24600	*24600	17200	22000	24600	*24600	14400	19500	24600
21:00	15800	21000	24600	*24600	17200	22000	24600	*24600	14400	19500	24600
22:00	15800	21000	24600	*24600	17200	22000	24600	*24600	14400	19500	24600
23:00	10000	15000	20000	*20000	10000	15000	20000	*17500	10000	15000	20000
0:00	4200	9000	15400	*12600	2800	8000	15400	*10400	5600	10500	15400

注：三峡出力过程同前一方案，控制葛洲坝坝前水位不超过63.6m。其中带*号的流量为备用方案。

2.4 水位与流速测点布置

为得到试验中的水位和流速，在物理模型和数学模型中布置了相应的测点。

2.4.1 物理模型试验

（1）水位测点布置，在升船机船闸、引航道、（靠船墩、过渡段、堤头）口门区及连接段内，布置水位测点见图2.4-1。

（2）流速测点布置，在引航道过渡段、口门0m断面、口门区、连接段布置了流速测点。测点布置见图2.4-2。

2.4.2 数学模型试验

三峡工程上游引航道布置以及计算分析的水位流速测点见图2.4-3。图中测点具体的位置,可同时提取水位值和流速值。

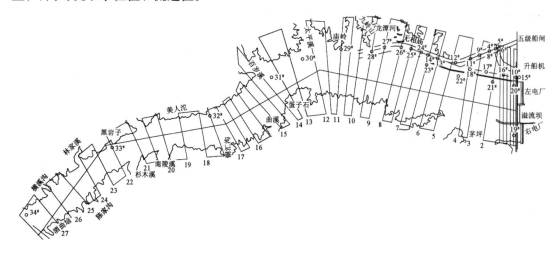

图 2.4-1　模型及水位测点布置图

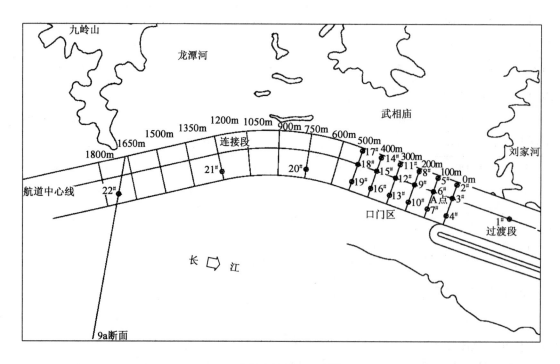

图 2.4-2　流速测量断面及测点布置图

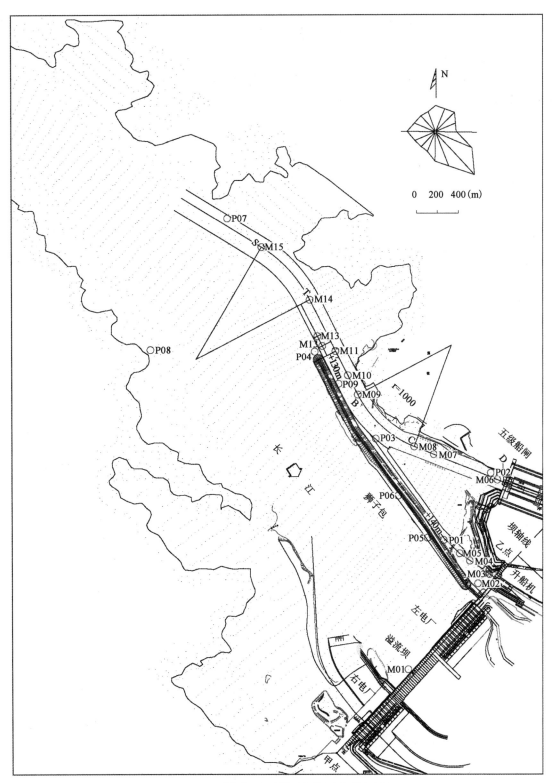

图2.4-3 三峡枢纽工程上游引航道及有关测点布置

2.5 试验控制船型

以三峡工程设计船队(1+9×1000t)作为分析通航水流条件的控制船型。船队尺度:长×宽×吃水=264m×32.4m×2.8m,排水量:12000t。

2.6 水面线验证资料

为进行库区数值模拟,需实测的三峡大坝上游水面线,具体见图2.6-1。

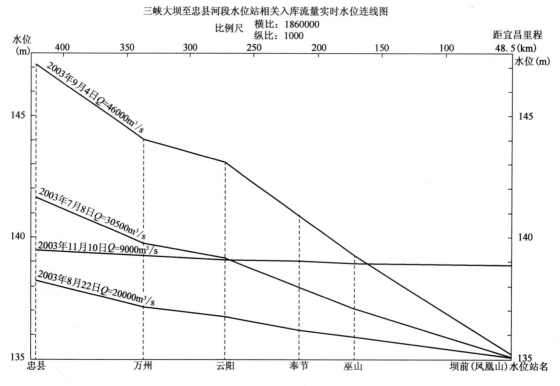

图 2.6-1 三峡大坝上游实测水面线

第3章 通 航 标 准

3.1 依据的规程及规范

（1）《船闸总体设计规范》（JTJ 305—2001）。

（2）《船闸输水系统设计规范》（JTJ 306—2001）。

（3）《渠化工程枢纽总体布置设计规范》（JTJ 220—98）。

（4）《内河通航标准》（GB 50139—2004）。

（5）《通航建筑物水力学模拟技术规程》（JTJ/T 235—2003）。

（6）《内河航道与港口水流泥沙模拟技术规程》（JTJ/T 232—98）。

（7）《三峡工程通航标准》（交通部三峡办 1992-04）。

3.2 通航水流条件的相关标准综述

枢纽电站机组开启与关闭增（减）负荷，在枢纽上下游河道形成非恒定流，该水流运动会在船闸引航道、口门区、连接段及上下游航道影响船舶（队）的停泊与航行安全，为此各国提出了相应的通航水流条件标准，这里做一综述。

3.2.1 船闸引航道通航水流条件的相关标准

引航道是船闸的组成部分，它的功能是连接船闸与河流、水库、湖泊中航道的过渡段，我国有关部门为了船舶（队）在引航道的航行、停泊及避让安全，提出了引航道水流条件的限值及系缆力的标准。

（1）3000t级船舶系缆力应满足：纵向系缆力≤46kN，横向系缆力≤23kN。2000t级船舶系缆力应满足：纵向系缆力≤40kN，横向系缆力≤20kN。1000t级船舶系缆力应满足：纵向系缆力≤32kN，横向系缆力≤16kN。500t级船舶系缆力应满足：纵向系缆力≤25kN，横向系缆力≤13kN。

（2）引航道导航和调顺段内宜为静水，制动段和停泊段的水面最大流速纵向不应大于0.5m/s，横向不应大于0.15m/s。

（3）船闸灌泄水时，上游引航道中最大纵向流速应不大于0.5～0.8m/s，下游引航道中应不大于0.8～1.0m/s。

（4）据"八五"国家科技攻关采用标准，引航道内非恒定流水面波动高度<0.5m、比降<0.4‰。

3.2.2 船闸口门区通航水流条件相关标准

各国学者均提出了口门区通航水流条件的基本要求(标准)。

(1)米哈依诺夫著的《船闸》一书中,提出了安全通航条件的两点规定:一是水流方向与航道航线之间的夹角 $\theta \geqslant 15° \sim 20°$;二是航线上水流速度的最大值 $v_y \geqslant 2 \sim 2.5 \text{m/s}$,横向流速 $v_x \geqslant 0.2 \sim 0.3 \text{m/s}$,环流(即回流)速度 $v_回 \geqslant 0.4 \sim 0.5 \text{m/s}$。

(2)苏联《船闸设计规范》(1975年版)规定,航道上最大纵向流速,对一、二级水道 $v_y \geqslant 1.5 \text{m/s}$,对于各级水道在引航道入口断面(包括引航道内)处,垂直于航道轴线横向流速 $v_x \geqslant 0.25 \text{m/s}$,在引航道口门区范围内的 $v_x \geqslant 0.4 \text{m/s}$。进入引航道的自航船及顶推船队,受水流和风力作用,所产生的扭力矩,不应大于船舶(队)舵效所能克服的扭力矩。

(3)苏联《船闸设计规范》(1980年版)规定,引航道与水库(或河流)的连接段内,超干线及干线上航道允许 $v_y = 2.5 \text{m/s}$、$v_x \geqslant 0.4 \text{m/s}$,地方航道及地方小河航道允许 $v_y = 2 \text{m/s}$、$v_x = 0.4 \text{m/s}$。

(4)美国主要依靠船模航行试验判断水流情况是否影响航行。如俄亥俄河上的贝维利船闸下游引航道口门外纵向流速、横向流速及回流流速分别约达 2.28m/s、0.3m/s、0.5m/s,对船队进出口门尚无影响。

(5)美国通过"水电站泄流对船闸下游引航道流场影响"的研究,提出了航行条件的临界允许值。当回流长度为任意值时,回流流速应小于 0.3m/s,当回流长度小于船舶长度的一半时,回流流速应小于 0.61m/s。

(6)美国陆军工程兵团工程师手册《浅水航道规划设计》中提到,经验表明:涡流超过 0.305m/s 是有害的,影响船舶(队)航行安全的程度取决于涡流的强度和驾驶人员的经验。

(7)西德联邦水工研究所十分重视水利枢纽的平面布置,进行了大量的口门布置形式试验,得出口门区的横向流速一般控制在 0.3m/s 左右。在"莱茵河伊赛次海姆水利枢纽船闸外港的模型试验"一文中,对允许的横向流速进行了严格的研究,除了给定条件的水流因素之外,还必须考虑到航道宽度、传动功率、操作灵活程度以及船的航速等因素,在这些因素有利的情况下可允许横向流速超过 0.3m/s。

(8)我国于20世纪50~60年代,在进行水利枢纽通航建筑物进出口条件试验研究中认识到天然航道水流的复杂性和船舶性能的变化,在寻求安全通航水流条件的同时,从船舶(队)的适航性、稳定性等方面研究船舶(队)的安全指标,提出了航速指标、舵效指标、横移指标、横倾指标、摇摆指标、船舶结构强度指标,以及船舶动力指标等,这些水力指标与船舶航行安全指标,作为优化进出口布置形式的判据。将有效地改善门口区的航行条件。

(9)20世纪70年代,针对葛洲坝水利枢纽中船闸进出口布置,进行了实船和模型试验,研究改善水流条件的措施,规定了流速的限值和范围。在编制《船闸设计规范》(试行)(JTJ 261—87)过程中,对船闸的通航条件进行了较全面的研究。进行了实船、船模及船模动态校核等项试验,得到了船舶(队)进出口门时安全的水力条件,并由试验得到顶推船队不同航速时相应的允许横向流速限值,该关系为 $v_航 = 8.51 v_x$,并要求船队在不均匀的横流航区,当发生偏转运动时,船队舵的转动力矩应大于横向流速对船体的转动力矩,这些试验成果为制定船闸设计规范提供了依据。

（10）《船闸总体设计规范》（JTJ 305—2001）中规定，引航道口门区水面最大流速限值，对一至四级船闸，平行于航线的纵向流速 $v_y \leq 2\text{m/s}$，垂直于航线的横向流速 $v_x \leq 0.3\text{m/s}$，回流速度 $v_回 \leq 0.4\text{m/s}$；对五～七级船闸，$v_y \leq 1.5\text{m/s}$，$v_x \leq 0.25\text{m/s}$。

（11）我国自 20 世纪 70 年代开始，应用遥控自航船模及操纵模拟器等新技术，将研究船闸引航道口门区的斜流效应及减小横流的措施提高到一个新水平。同时，提出了相应的规定，如船舶（队）航行漂角 $\beta \leq 10°$，船队航行操舵角 $\delta \leq 20°$ 等。

3.2.3 船闸连接段通航水流条件相关标准

船闸引航道口门外连接段是主航道与引航道口门区间航道的纽带，定义为引航道口门区末端至回复原河道水流流态和流速分布前的一段航道。

（1）《渠化工程枢纽总体布置设计规范》（JTS 182-1—2009）提出了两点规定：①最大表面纵向流速满足设计船舶船（队）自航通过的要求；②横向流速不影响设计船舶船（队）的安全操纵。

水流流速应满足船舶（队）自航要求，就是能满足天然航道的流速，鉴于船舶（队）一般能克服天然航道 2.5～3.0m/s（甚至 3.0m/s 以上）的水流速度，这些要求显然与推轮的功率大小有关。

（2）在《船闸总体设计规范》（JTJ 305—2001）中，对于连接段的通航水流条件，仍参照引航道口门区的标准。另外还要求引航道口门外有足够距离的清晰视野；引航道中心线与河流的主流流向之间的夹角应尽量缩小，在没有足够资料的情况下，此夹角不宜大于 25°。

（3）在西部交通科技项目"船闸引航道口门外连接段航道通航水流条件研究"专题报告中认为：口门外连接段通航水流条件仍然采用纵向流速、横向流速和回流流速指标衡量，其相应标准建议值为：Ⅲ级航道纵向流速 $v_y \leq 2.6\text{m/s}$，横向流速 $v_x \leq 0.45\text{m/s}$；Ⅳ级航道 $v_y \leq 2.5\text{m/s}$，$v_x \leq 0.4\text{m/s}$；Ⅴ级航道 $v_y \leq 2.4\text{m/s}$，$v_x \leq 0.35\text{m/s}$；当连接段回流范围接近船舶（队）长度时，回流流速 $v_回 \leq 0.3\text{m/s}$。

（4）苏联《挡土墙、船闸、过鱼及护鱼建筑物设计规范》中提到，对于水利枢纽和通航运河上船闸的布置，当设计水利枢纽中船闸及其引航道时，应考虑泄水建筑物及电站最大流量时，对航行条件不致产生不良影响，同时在引航道及其水库或河流相连接的区段内不应超出表 3.2-1 中所列的允许流速。

苏联引航道与水库或河流连接段的流速限值　　　　　　　　表 3.2-1

航　道	纵向及横向的允许流速（m/s）	
	引航道中	引航道与水库或河流的连接区段内
超干线及干线航道	$\dfrac{0.8}{0.25}$	$\dfrac{2.5}{0.4}$
地方航道及地方小河航道	$\dfrac{1}{0.25}$	$\dfrac{2}{0.4}$

注：1. 分子为纵向流速，分母为横向流速。
　　2. 当水利枢纽运行处于最不利的水力情况和当下泄设计频率为最大流量时，对于超干线航道不超过 2%；对于地方航道不超过 5%，引航道与水库或河流的连接区段的流速不应超过允许值。

(5)2002年4月提出的《内河通航标准》（GB 50139—2014）初稿中认为：口门外连接段航道通航水流条件应该符合以下规定：对于一～四级船闸，纵向流速 $v_y \leq 2.5$ m/s、横向流速 $v_x \leq 0.45$ m/s，当连接段回流长度接近船舶（队）长度时，回流流速 $v_回 \leq 0.3$ m/s。

连接段是口门区至主航道的过渡性河段，其通航水流条件流速限值应在口门区与内河航道两个标准之间，即 $v_{口门} < v_{连接段} < v_{内河航道}$。

3.2.4　内河航道水流条件相关标准

在《通航建筑物应用基础研究》一书中，提出了内河航运水流条件判别标准，认为该标准受多种因素的制约。如：航道的等级、船舶（队）的操纵性能、船型、船队的组成、载量、驾引技术、航道段特性等。通航水流判别标准在不同的国家，不同的河流和航段，以及船舶技术发展的不同阶段，应有与之相应的通航水流条件判别标准。

20世纪50年代，航运部门曾根据当时的船舶航行实践经验，要求流速不超过3m/s。对万吨级船队而言，这个标准难以满足上水航行要求，因为相应的船队静水航速为3.15m/s，在3m/s流速作用下是无法上行的。但对现行川江船队（2×1500t、3×1000t 静水航速4.4～4.9m/s）却又是适合的。因为，航行条件是流态、波浪、流速、水面比降等水力要素共同作用于船体所产生的综合效应，所以，难以硬性规定统一标准。

自20世纪80年代以来，在三峡工程的前期科研、可行性论证、初设和技术设计各个阶段，通过大量实船和船模试验，对"通航标准"进行了深入的研究。长江航道局分别对不同操纵性能、不同船型、不同组合的船队在长江汉渝河段的航行，提出了相应的技术标准（表3.2-2）。

长江汉渝河段几种代表船队技术参数表　　　　　　表3.2-2

船队组成	载重量（t）	吃水深（m）	对水航速（m/s）	
			最大值	常用值
1+9×1000t	9000	2.3	3.42	3.24
	4500	1.4	3.75	3.55
	空载	0.6	4.21	3.99
1+6×1000t	6000	2.3	4.02	3.18
	3000	1.4	4.27	4.04
	空载	0.6	4.72	4.47
1+3×1000t	3000	2.3	3.42	3.24
	1500	1.4	3.85	3.65
	空载	0.6	4.37	4.14

三峡工程航运专家组进而建议流速2.1m/s、2.3m/s、2.5m/s，相应比降分别为3.0‰、2.0‰、1.0‰，航深3.5m，单行航宽100m，航道曲率半径1000m，流量20000m³/s（保证率大于50%）等指标，为三峡工程规划的万吨船队汉渝直达（上水为半载）的通航水流技术标准。

3.2.5　电站日调节内河通航水流条件相关标准

1983年12月，美国陆军工程师兵团北太平洋分区公共事务处针对哥伦比亚上邦达委尔水利枢纽电站下游水位变幅、变率,制定了相应的限值标准,夏季(4~9月),规定电站下游水位日变幅5ft(1.52m),小时水位变率1.5ft(0.46m),一昼夜内允许正常水位变幅4ft(1.22m);冬季(10月~次年3月),时变率3ft(0.91m),日变幅10ft(3.05m),一昼夜内允许正常水位变幅7ft(2.13m)(每季度不超过8次)。

针对不同河流的电站,国内也有相应的标准,如西江水道,在行驶千吨级驳船条件下,要求水位日变幅不超过1.5m/d,小时变率不超过0.3m/h。对于三峡工程提出"三三三"标准,即水位日变幅不超过3m,小时变率不超过0.3m,流速不超过3m/s。其中流速3m/s,对于万t级船队而言要求太高,后经在"三峡电站汛期调峰对两坝间通航条件影响试验研究"报告中,进行了"七五"国家重点科技攻关项目《两坝间(葛洲坝—三峡)通航水流技术标准试验研究》课题研究,从水流阻力与船舶推力间的相互关系出发,对影响船舶航行的主要因素(流速、比降、流态等)进行研究论证得到:船舶(队)能否正常航行,取决于推轮推力是否能克服水流流速和坡降阻力,流速和坡降是影响船舶(队)正常航行的关键因素。因此,在"三峡电站日调节非恒定流对两坝间通航水流试验研究"报告中,采用长江航道局提供的三峡工程万吨级船队允许的流速、比降对应值作为衡量三峡水利枢纽初设标准(表3.2-3)。

万吨级船队汉渝直达允许的流速、比降表 表3.2-3

项 目	1	2	3	4	5
允许最大局部比降(‰)	0.5	1.0	2.0	3.0	4.0
允许最大表面流速(m/s)	2.6	2.5	2.3	2.1	1.9

3.3 研究采用的通航标准

根据以上资料,确定以下内容为本次研究中判定通航水流条件优劣的参考标准。

(1)引航道水深应满足$H/T_c \geq 1.5$。式中:T_c为最大船队满载吃水,取3000t驳船,$T_c = 3.5m$;H为航道水深,即航道最小水深应不小于5.25m。

(2)三峡水利枢纽万吨级船队通航标准,航道最大表面流速(m/s):2.6、2.5、2.3、2.1、1.9分别对应的最大局部比降(‰):0.005、0.01、0.02、0.03、0.04。

(3)口门区范围内:纵向流速≤2.0m/s,横向流速≤0.3m/s;回流流速≤0.4m/s;波浪高度≤0.4~0.5m;其他不良流态,应不影响航行安全畅通。

(4)上游引航道水力要素允许值:纵向流速≤0.5~0.8m/s,横向流速≤0.15m/s;波浪高度参照口门区标准执行。

(5)船队允许系缆力:(万吨级船队1+9×1000t)纵向力≤50kN,横向力≤30kN。

(6)船闸闸首处允许波高≤0.50m;升船机承船厢内误载水深≤0.20m。

(7)船队进出口门的航行标准:航行漂角≤10°,航行舵角≤20°。

以上指标,作为衡量通航水流条件优劣的参考标准。

第4章 模型设计与试验方法

本章分别包括物理模型和数学模型设计两部分。

4.1 物理模型设计与方法

根据试验内容和要求,模型按重力相似准则设计,为正态定床,模拟三峡大坝上游 7km 河道。模型采用几何比尺 $\lambda_L = 100$,则:流速比尺 $\lambda_v = \lambda_L^{1/2} = 10$;流量比尺 $\lambda_Q = \lambda_L^{2.5} = 100000$;糙率比尺 $\lambda_n = \lambda_L^{1.6} = 2.15$。

模型试验严格遵循《通航建筑物水力学模拟技术规程》(JTJ/T 235—2003)。

模型范围见图 2.4-1。

4.2 库区日调节模型进口反射波消除方法

三峡库区日调节非恒定流模型试验,在试验方法上存在着一个技术难点,即模型进口水流边界不相似问题。恒定流模型在进口控制恒定的水位或流量即可,而非恒定流模型进口流量及水位需要随时间变化,必须使用流量自动控制设备按要求进行调节,否则会出现波动反射现象,从而使模型失真。三峡库区日调节模型试验,进口边界条件是需要研究与模拟的内容之一,因为库区河道在模型对应的进口处没有边墙,更没有量水堰。试验在恒定流基础上进行,重点研究日调节流量变化过程对上游通航水流条件的影响。电厂机组开关、下泄流量变化,在库区形成波动并向上游传播,在模型进口必然会发生反射。反射波很快影响到坝上及引航道的水流运动规律,影响正常试验数据的采集。鉴于常规的碎石边坡与竹扫把难以消除长周期的波动,试验采取了改变进口流量以消除反射波的思路。进口消波自动控制程序利用 Labview 软件开发研制。试验在河道来流量 25000m³/s 条件下取得较好的效果。这样就为模型水流现象的发展与数据采集争取了时间,也为真正意义上的库区日调节非恒定流试验奠定了基础。

4.2.1 虚拟仪器及 Labview

虚拟仪器概念最早由美国国家仪器公司在 20 世纪 80 年代提出。虚拟仪器是指基于通用 PC 机的软件及相关的硬件系统。用户可以通过虚拟仪器完成传统仪器同样的工作,并在系统的数据显示、维护及扩展方面拥有极大的灵活性,彻底摆脱了传统仪器设备对使用者的诸多限制。软件是虚拟仪器的灵魂,用户是虚拟仪器的设计者、维护者。简单说,软件就是仪器,而外围设备仅仅是仪器与测量对象之间的接口。比如,同样的 PC 机、影像捕捉卡、摄像头,通过软件控制可以用来测量船模运动轨迹,对软件进行一定的修改,该系统也可以用浮标法测量瞬时的流场。

Labview 软件是数据采集与自动控制软件的开发平台,功能强大,已经在仪器、控制、机械、化工、电子、医学等各方面得到广泛应用。特别是,它采用图形编程方法,不需要进行复杂烦琐的编程工作,只需要画出工作流程图,即可完成功能强大的数据采集与自动控制软件开发工作。Labview 软件特别适合初学者使用,完全胜任水工非恒定流模型试验的数据采集与控制任务。其主要功能与特性是:①给用户提供了功能强大的图形化编程环境,开发效率高;②将虚拟仪器划分成若干功能模块,每个模块具有自己的输入输出接口。编程就是把不同的模块按需要组成框图;③引入仪器操作面板的概念,修改仪器面板无需对整个程序进行调试;④可以完成数据采集、波形显示、数学分析与信号处理以及仪器控制、网络通信等任务;⑤充分利用PC 机的强大功能,可以通过修改或增加软件模块形成新的仪器功能;⑥简单易用,无须高深的软硬件知识,一般科研人员,稍加培训,很快就能掌握其使用方法。

4.2.2 采用的计算机软硬件平台

一般能运行 Win98 操作系统的微机都能适用 Labview 软件开发编制工作,调试完的程序对计算机硬件要求还要低。此处没有考虑用工控机,主要原因是工控机成本高,而普通微机功能强,价格低廉,配件随处可得,使用和维护都很方便。数据采集与自动控制程序开发的软硬件平台为:①PIII450 微机、256M 内存、40G 硬盘;②Win98se 操作系统;③labview(Ver.6.0)。

4.2.3 自动控制原理

连续控制系统的典型结构由控制对象、测量与比较环节以及调节器和执行器组成见图 4.2-1。

图 4.2-1 连续控制系统典型结构示意图

模拟调节系统位置型 PID 控制算法表达式如下:

$$u(t) = K_p \left[e(t) + \frac{1}{T_i} \int e(t) \, dt + T_d \frac{de(t)}{dt} \right] \tag{4.2-1}$$

式中:$u(t)$ 为调节器的输出信号;$e(t)$ 为调节器反馈的偏差信号,即测量值与目标值的差;K_p 为比例系数;T_i 为积分时间系数;T_d 为微分时间系数。比例控制反应速度快,但存在稳态误差。积分控制只要误差存在,信号就不断累积,因此可以消除误差。微分控制用来减少超调,克服系统振荡现象。另外还有增量型控制表达式,可由上式导出。增量型控制计算调节信号的增量,用于微机自动控制更加灵活。计算机自动控制,用程序代替模拟调节器的功能,以上公式要进行离散化处理,用数字形式的差分方程来代替。应用中,采用了数字 PID 算法改进技术,提高了控制质量。

4.2.4 调流消波系统简介

非恒定流控制与监测系统主要完成以下试验任务:①水位仪读数。由计算机实时采集安装在大坝上游水尺以及下游矩形量水堰的跟踪水位仪测到的水位值,以监测坝前水位变化和通过大坝的流量;②流量控制。按试验要求,根据输入的流量数据,控制上游进口电动调节阀动作,并通过电磁流量计进行监测,以使模型进口达到需要的流量值;③电厂闸门启闭。控制闸门的启闭时间和高度,模拟电厂水轮机组的开关,以产生电站日调节非恒定流;④模型进口消波。在电站日调节非恒定流向上游传播到达模型进口时,通过改变模型进口的流量,使在进口不产生波动反射,以达到延长有效数据采集时间的目的。

用 D/A 转换卡输出信号控制上游的电动调节阀以及大坝电厂闸门开关,从而改变模型进口和出口流量。进口流量变化由 A/D 转换卡从电磁流量计取得。电厂流量变化由坝下量水堰的机电式跟踪水位仪通过 Rs232 口传送给计算机。坝上水位也由 Rs232 口用跟踪水位仪进行测量。

程序界面为标准的 Windows 图形窗口,用鼠标和键盘操作。开发的程序可以在开发环境下运行,也可以脱离开发环境独立运行。源程序采用模块化图形编程。一个模块就是一个程序,可以包含另外的模块,也可成为其他模块中的模块,即子程序。编程的工作就是把低级的模块用线条连接成功能更多、更复杂的模块,以完成预期的任务。

图 4.2-2 是模型进口流量控制与消波程序,通过这个程序可以实时采集模型进口、出口流量及其变化,根据要求对进口流量调节。大的方框代表 1 个循环,循环时间为 2s 一次。方框左边的几个小模块完成水位、流量的初始化工作。在图示模型进口流量控制与消波程序循环过程中根据程序的输入执行不同的任务,每一个功能都由相应的子程序完成。

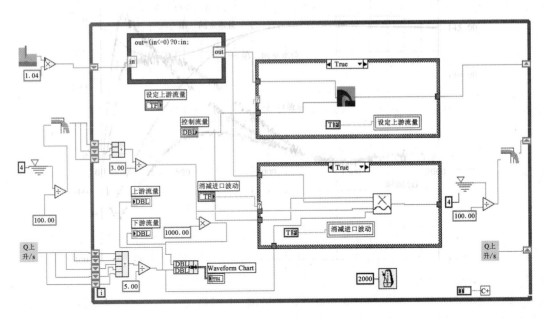

图 4.2-2　模型进口流量控制与消波程序

4.2.5　应用情况

试验中,进口流量控制精度可达 ±0.002m³/s,电厂闸门开启高度可以控制在毫米级。因为模型长度有限,进口会发生反射,为了延长采集数据的时间,在进口进行了消波实践。消波的原理是在进口处控制生成一个与入射波大小一致、方向相反的波动,抵消模型进口墙壁的反射作用,其效果如同波动仍然在向上游传播一样。根据下游出流,当波动传到进口时改变流量进行消波。

图 4.2-3 是模型上某点未经消波及经过消波后的水位时间过程线图。试验情况为上游恒

定来流 $Q = 25000\text{m}^3/\text{s}$，电厂闸门关闭，流量减小 $\Delta Q = 4300\text{m}^3/\text{s}$，原体电厂关门时间120s（以下数据除特别标明的以外，均为原体值）。由图4.2-3可见，测点水位在 $0 \sim 500\text{s}$ 基本稳定，由于电厂闸门关闭，流量减小形成的正波向上游传播，而在 $500 \sim 750\text{s}$ 有一个水位上升，波峰过后出现一个平台（ $750 \sim 1650\text{s}$ ）。波动向上传，在进口反射，1650s时反射波影响到测点，测点水位又上升（ $1650 \sim 2000\text{s}$ ）到第二台阶（ $2000 \sim 2600\text{s}$ ）反射波从大坝返回时，又开始形成水位上升（ $2600 \sim 3000\text{s}$ ）。整个过程只有1650s以内的水流运动规律是符合工程实际的，而1650s以后，由于进口波动反射影响而不能应用。进口采取消波后的测点水位时间过程，1650s前的波形与未消波基本一致，1650s后水位基本保持稳定，延长了水流保持相似的时间，从而使引航道内、升船机与船闸前水位的波动充分发展，出现合理的最高与最低水位。消波的作用就是保证模型试验数据的合理性和可靠性。

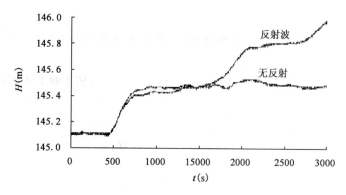

图4.2-3　模型未经消波及经过消波后的水位时间过程线图

4.2.6　小结

应该指出，电站日调节在库区形成的波动是十分复杂的，由于地形与水流相互作用，波在传播过程中会叠加、反射和衰减。如何保证消除模型进口边墙的反射作用，而不干扰水体真正运动规律，还要进一步做工作。包括采用更精确的传感器，更快的调节装置以及必要的数学模拟计算等。但是，图4.2-3已经能够证明，可以用改变进口流量的办法消除波动反射。

库区日调节模型试验中，用labview开发的程序工作正常，使用修改方便。模型进口消波程序的运行成功，对进一步提高库区非恒定流模型试验技术和成果质量具有重要意义。同时，由于能够消除模型进口波动反射，日调节水工模型的长度就可以大幅度缩短，从而降低试验成本，提高工作效率。

4.3　圣维南方程的应用方法

日调节物理模型存在上游边界问题，原型从大坝向上有很长的库区河道，物理模型由于条件限制不可能做得很长，只能对日调节最不利时段的水流条件进行短时间模拟观测。为研究24h日调节过程中引航道的通航水流条件，采用圣维南方程建立三峡库区日调节通航水流条件一维数学模型。

4.3.1 基本方程

根据《通航建筑物水力学模拟技术规程》(JTJ/T 235—2003)一维水流数值模拟应包括下列基本方程:

(1)连续方程

$$B\frac{\partial H}{\partial t} + \frac{\partial}{\partial x}(BhV) = 0 \tag{4.3-1}$$

(2)运动方程

$$\frac{\partial V}{\partial t} + V\frac{\partial V}{\partial s} + g\frac{\partial H}{\partial s} + g\frac{V^2}{C^2 R} = 0 \tag{4.3-2}$$

式中:B 为河宽(m);H 为水位(m);t 为时间(s);s 为水流纵向距离(m);h 为断面平均水深(m);V 为断面平均流速(m/s);g 为重力加速度(m/s²);C 为谢才系数;R 为水力半径(m),对于宽浅河流可取断面平均水深。

4.3.2 一维数学模型

在考察河道平均流速及水位变化时,可以采用一维数学模型计算。根据需要采用以 Z、Q 为因变量的描述明渠一维渐变非恒定流动的圣维南方程组如下:

连续方程

$$B\frac{\partial H}{\partial t} + \frac{\partial Q}{\partial s} = 0 \tag{4.3-3}$$

运动方程

$$\frac{\partial Q}{\partial t} + 2V\frac{\partial Q}{\partial s} + (gA - BV^2)\frac{\partial H}{\partial s} = \left(\frac{Q}{A}\right)^2\frac{\partial A}{\partial s} - g\frac{|Q|Q}{AC^2 R} \tag{4.3-4}$$

式中:B 为河宽(m);H 为水位(m);Q 为断面流量(m³/s);t 为时间(s);s 为水流纵向距离(m);A 为断面面积(m²);V 为断面平均流速(m/s);g 为重力加速度(m/s²);C 为谢才系数;R 为水力半径(m)。

采用显示差分格式对微分方程组进行离散。河道断面编号用 i 表示,时间层编号用 j 表示,在内点采用扩散格式:

$$\frac{\partial f}{\partial s} = \frac{f_{i+1}^j - f_{i-1}^j}{\Delta s_{i-1} + \Delta s_i} \tag{4.3-5}$$

$$\frac{\partial f}{\partial t} = \frac{f_{i+1}^j - \tilde{f}_i^j}{\Delta t} \tag{4.3-6}$$

$\tilde{f}_i^j = \alpha f_i^j + (1-\alpha)\dfrac{f_{i+1}^j + f_{i-1}^j}{2}$,为已知时层 j 上 3 点($i-1, i, i+1$)的加权值,计算中取 $\alpha = 0.5$。方程中偏微商的系数即非微商项用 i、j 结点上的值计算。将式(4.3-5)、式(4.3-6)代入式(4.3-2)、式(4.3-3)整理后,可得内点计算公式:

$$H_i^{j+1} = \alpha Z_i^j + (1-\alpha)\frac{H_{i-1}^j + H_{i+1}^j}{2} - \frac{\Delta t}{2B_i^j \Delta s}(Q_{i+1}^j - Q_{i-1}^j) \tag{4.3-7}$$

$$Q_i^{j+1} = \alpha Q_i^j + (1 - \alpha) \frac{Q_{i-1}^j + Q_{i+1}^j}{2} - (\frac{Q}{A})_i^j \frac{\Delta t}{\Delta s} (Q_{i+1}^j - Q_{i-1}^j)$$

$$- (gA - \frac{BQ^2}{A^2})_i^j \frac{\Delta t}{2\Delta s} (H_{i+1}^j - H_{i-1}^j) + [(\frac{Q}{A})_i^j]^2 \frac{A_{i+1} - A_{i-1}}{2\Delta s} \Delta t - g\Delta t (\frac{Q^2}{AC^2 R})_i^j \quad (4.3\text{-}8)$$

式中：$\Delta s = (\Delta s_{i-1} + s_i)/2$。

在上边界（左）采用向前差分公式：

$$\frac{\partial f}{\partial s} = \frac{f_2^j - f_1^j}{\Delta s} \quad (4.3\text{-}9)$$

$$\frac{\partial f}{\partial t} = \frac{f_1^{j+1} - f_1^j}{\Delta t} \quad (4.3\text{-}10)$$

在下边界（右）采用向后差分公式：

$$\frac{\partial f}{\partial s} = \frac{f_N^j - f_{N-1}^j}{\Delta s} \quad (4.3\text{-}11)$$

$$\frac{\partial f}{\partial t} = \frac{f_N^{j+1} - f_N^j}{\Delta t} \quad (4.3\text{-}12)$$

为了求解边界点的计算公式，将方程(4.3-2)乘以 λ 与式(4.3-3)相加得：

$$\lambda B \frac{\partial H}{\partial t} + \lambda \frac{\partial Q}{\partial s} + \frac{\partial Q}{\partial t} + 2V \frac{\partial Q}{\partial s} + (gA - BV^2) \frac{\partial H}{\partial s} = \frac{\partial A}{\partial s} (\frac{Q}{A})^2 - g \frac{|Q|Q}{AC^2 R}$$

整理得：

$$\frac{\partial Q}{\partial t} + (\lambda + 2V) \frac{\partial Q}{\partial s} + \lambda B (\frac{\partial H}{\partial t} + \frac{gA - BV^2}{\lambda B} \frac{\partial H}{\partial s}) = \frac{\partial A}{\partial s} (\frac{Q}{A})^2 - g \frac{|Q|Q}{AC^2 R}$$

按特征线法的思路：令 $\frac{\partial A}{\partial s}(\frac{Q}{A})^2 - g\frac{|Q|Q}{AC^2 R} = N$，$\frac{ds}{dt} = \lambda + 2V = \frac{gA - BV^2}{\lambda B}$，解得 $\lambda = -V \pm \sqrt{gA/B}$。

对于上边界：$\lambda_- = -V - \sqrt{gA/B}$，方程离散为：

$$\frac{Q_1^{j+1} - Q_1^j}{\Delta t} + (\lambda_- + 2V) \frac{(Q_2^j - Q_1^j)}{\Delta s_1} + \lambda_- B \frac{H_1^{j+1} - H_1^j}{\Delta t} + (gA - BV^2) \frac{H_2^j - H_1^j}{\Delta s_1} = N$$

如 H 为已知：

$$Q_1^{j+1} = N \times \Delta t + Q_1^j - (\lambda_- + 2V) \frac{(Q_2^j - Q_1^j)\Delta t}{\Delta s_1} - \lambda_- B(H_1^{j+1} - H_1^j) -$$

$$(gA - BV^2) \frac{(H_2^j - H_1^j) \times \Delta t}{\Delta s_1} \quad (4.3\text{-}13)$$

如 Q 为已知：

$$H_1^{j+1} = H_1^j + \frac{1}{\lambda_- B} (N\Delta t - Q_1^{j+1} + Q_1^j - (\lambda_- + 2V) \frac{(Q_2^j - Q_1^j)\Delta t}{\Delta s_1} -$$

$$(gA - BV^2) \frac{(H_2^j - H_1^j) \times \Delta t}{\Delta s_1}) \quad (4.3\text{-}14)$$

对于下边界：$\lambda_+ = -V + \sqrt{gA/B}$，方程离散为：

$$\frac{Q_n^{j+1} - Q_n^j}{\Delta t} + (\lambda_+ + 2V)\frac{(Q_n^j - Q_{n-1}^j)}{\Delta s} + \lambda_+ B\frac{H_n^{j+1} - H_n^j}{\Delta t} + (gA - BV^2)\frac{H_n^j - H_{n-1}^j}{\Delta s_1} = N$$

如 H 为已知：

$$Q_n^{j+1} = Q_n^j + N\Delta t - (\lambda_+ + 2V)(Q_n^j - Q_{n-1}^j)\frac{\Delta t}{\Delta s} - \lambda_+ B(H_n^{j+1} - H_n^j)$$
$$- (gA - BV^2)(H_n^j - H_{n-1}^j)\frac{\Delta t}{\Delta s} \tag{4.3-15}$$

如 Q 为已知：

$$H_n^{j+1} = H_n^j + \frac{1}{\lambda_+ B}(N\Delta t - (Q_n^{j+1} - Q_n^j) - (\lambda_+ + 2V)(Q_n^j - Q_{n-1}^j)\frac{\Delta t}{\Delta s}$$
$$- (gA - BV^2)(H_n^j - H_{n-1}^j)\frac{\Delta t}{\Delta s}) \tag{4.3-16}$$

河道汊口采用流量平衡和水位一致的条件。

汊口各支流流量代数和为零：

$$\sum_1^L Q_L = 0 \tag{4.3-17}$$

汊口各支流于交汇处的水位相等：

$$H_1 = H_2 = H_L \tag{4.3-18}$$

L 个河段交汇的汊口，未知数有 $Q_1 \sim Q_L$ 和水位 H，共是 $L+1$ 个。把支流在汊口作为边界考虑，每个边界可以列出一个差分方程，加上式(4.3-16)，正好可以求解 $L+1$ 个未知数。

原型从大坝向上有很长的库区河道，数学模型可以根据一定的条件加长计算域，以模型进口波动的反射不干扰引航道的水流条件为原则，这在一维数学模型计算中是比较容易做到的，也能够比较好的解决工程问题。还有一种办法是在上游采用一定的边界条件，这个条件能够代表无限长的渠道，叫作上游开边界。模型试验了 Somm erfold 辐射条件（SRC），对上游水位进行辐射处理，也能达到预期的效果。

Somm erfold 辐射条件为：

$$\frac{\partial \varphi}{\partial t} + c\frac{\partial \varphi}{\partial s} = 0 \tag{4.3-19}$$

4.4 Delft 3D 数学模型与方法

Delft 3D 是关于水流水质等的软件包，由荷兰 Delft 水利研究院开发推广。它具有灵活的框架，能模拟三维的水流、波浪、水质、生态、泥沙输移及床底地貌，及各个过程之间的相互作用。工作总体思路是生成计算域的网格和网格节点上的水深文件，再利用相应的软件模块计算对应的水流问题，并对计算结果进行分析处理。本次计算应用了其中的 Flow 模块，研究大坝泄流、船闸灌水以及电站调节在上游形成的非恒定流运动规律。

4.4.1 基本方程和计算方法

本模型垂向采用 σ 坐标，表示如下：

$$\sigma = \frac{H - H_变}{H_变 + d} = \frac{H - H_变}{h}$$

在(ξ,η,σ)坐标系中，h 是全水深，σ 在水底为 -1，在表面为 0。

水动力模块建立在 Navier-Stokes 方程的基础上，采用交替方向法（ADI）对该坐标系下的控制方程组进行离散求解（Leendertse,1987）。

在正交曲线坐标系下，沿水深积分的连续性方程如下：

$$\frac{\partial H_变}{\partial t} + \frac{1}{\sqrt{G_{\xi\xi}}\sqrt{G_{\eta\eta}}} \frac{\partial \left[(d + H_变)u\sqrt{G_{\xi\xi}}\right]}{\partial \xi} + \frac{1}{\sqrt{G_{\xi\xi}}\sqrt{G_{\eta\eta}}} \frac{\partial \left[(d + H_变)v\sqrt{G_{\xi\xi}}\right]}{\partial \eta} = Q$$

式中：Q 表示每个单元上的源项；$\sqrt{G_{\xi\xi}} = R\cos\Phi$；$\sqrt{G_{\eta\eta}} = R$ 为曲线坐标系转换为直角坐标系的转换系数；$H_变$ 代表水位变化；d 代表基准水深；h 代表全水深，$h = d + H_变$；u、v 分别为 ξ、η 方向的流速。

ξ，η 方向的动量方程为：

$$\frac{\partial u}{\partial t} + \frac{u}{\sqrt{G_{\xi\xi}}}\frac{\partial u}{\partial \xi} + \frac{v}{\sqrt{G_{\eta\eta}}}\frac{\partial u}{\partial \eta} + \frac{\omega}{d + H_变}\frac{\partial u}{\partial \sigma} + \frac{uv}{\sqrt{G_{\xi\xi}}\sqrt{G_{\eta\eta}}}\frac{\partial \sqrt{G_{\xi\xi}}}{\partial \eta} - \frac{v^2}{\sqrt{G_{\xi\xi}}\sqrt{G_{\eta\eta}}}\frac{\partial \sqrt{G_{\eta\eta}}}{\partial \xi} - fv$$

$$= -\frac{1}{\rho_0 \sqrt{G_{\xi\xi}}}P_\xi + F_\xi + \frac{1}{(d + H_变)^2}\frac{\partial}{\partial \sigma}\left(v_\nu \frac{\partial u}{\partial \sigma}\right) + M_\xi$$

$$\frac{\partial v}{\partial t} + \frac{u}{\sqrt{G_{\xi\xi}}}\frac{\partial v}{\partial \xi} + \frac{v}{\sqrt{G_{\eta\eta}}}\frac{\partial v}{\partial \eta} + \frac{\omega}{d + H_变}\frac{\partial v}{\partial \sigma} + \frac{uv}{\sqrt{G_{\xi\xi}}\sqrt{G_{\eta\eta}}}\frac{\partial \sqrt{G_{\eta\eta}}}{\partial \xi} - \frac{u^2}{\sqrt{G_{\xi\xi}}\sqrt{G_{\eta\eta}}}\frac{\partial \sqrt{G_{\xi\xi}}}{\partial \eta} - fu$$

$$= -\frac{1}{\rho_0 \sqrt{G_{\eta\eta}}}P_\eta + F_\eta + \frac{1}{(d + H_变)^2}\frac{\partial}{\partial \sigma}\left(v_\nu \frac{\partial v}{\partial \sigma}\right) + M_\eta$$

垂向速度 ω 在 σ 坐标系中由下式计算得出：

$$\frac{\partial H_变}{\partial t} + \frac{1}{\sqrt{G_{\xi\xi}}\sqrt{G_{\eta\eta}}}\frac{\partial \left[(d + H_变)u\sqrt{G_{\eta\eta}}\right]}{\partial \xi} + \frac{1}{\sqrt{G_{\xi\xi}}\sqrt{G_{\eta\eta}}} \cdot \frac{\partial \left[(d + H_变)v\sqrt{G_{\xi\xi}}\right]}{\partial \eta} + \frac{\partial \omega}{\partial \sigma}$$

$$= h(q_{in} - q_{out})$$

陆地采用干湿法做动边界处理，当水深减小至小于 $0.2m$ 时定义为干边界，做陆域处理，当水深增大至 $0.3m$ 时定义为水域。模型上游进口采用水位边界，大坝电厂处采用流量边界，船闸灌水用汇模拟。

4.4.2　数学模型验证

1）模型的建立

根据试验目的，建立了大范围的库区水流数学模型，模拟河道长 160km。采用正交曲线网格，网格步长最小 20m。在引航道区域网格较密集，在上游则逐渐放大。计算选用时间步长 0.05min。模型计算时间选用 180min。船闸灌水、电站调节非恒定流最大的波动发生在灌水或调节以后约 30min 以内。根据模型长度，模型上游进口的反射波不会对引航道及口门区的水流条件造成影响。计算时间选用 180min 满足试验要求。引航道附近具体模型范围见图 2.4-3。整个模型范围见图 2.2-3。

2）模型糙率的确定

为了保证数学模型能够反映真实的水流运动规律，需要对模型进行校准。根据《通航建筑物水力学模拟技术规程》（JTJ 235—2003），利用实测的坝上水面线和相应的流量进行计算，以确定模型河道底床的糙率。

根据当地具体地形情况，结合实测水文资料的验证，得知河道综合糙率系数（n）约在 0.051～0.077 之间变化。选取 2003 年 8 月 22 日实测水面线进行验证计算，此时河道流量为 20000m³/s，与日调节时来流流量相近。水面线计算结果见图 4.4-1。由图可见，当糙率系数（n）为 0.064 时，水面线与实测值吻合，满足《通航建筑物水力学模拟技术规程》（JTJ 235—2003）的要求。因此，计算范围河道综合糙率系数按 0.064 选用。

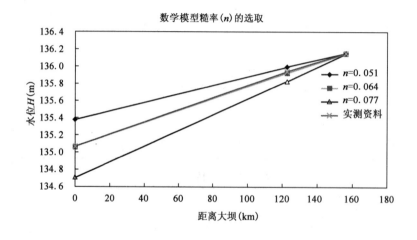

图 4.4-1 水面线计算结果

3）船闸灌水的验证

利用实测船闸灌水流量过程（见图 2.3-2），在验证好的三峡上游水流数学模型中进行引航道内的波动计算。起始流量即水库下泄流量或通过电站机组的流量为 15000m³/s，坝上水位 144.5m（以下所有计算均采用这一条件，不再赘述）。经计算表明，单闸灌水在船闸上闸首以及升船机上闸首形成的波动高度约为 0.2m，双闸灌水在船闸上闸首以及升船机上闸首形成的波动高度约为 0.4m，波动周期约为 19min。Delft 3D 水流数学模型软件包能够输出计算域指定点的流速以及水位时间过程。水位变化的波高、周期以及局部水面比降是通过对定点水位变化过程分析得到的。波高是指定点水位变化过程中相邻峰值与谷值之间出现的最大水位差。周期则是指相邻峰值或谷值出现的时间间隔。比降是两点之间的水位差与间距的比值。根据经验，波高与非恒定流强度、引航道尺度及水深有关。波动周期主要与引航道尺度及水深有关。船闸灌水的波动高度与周期计算结果与现场观测结果基本一致，说明该数学模型设计合理,满足本次研究的要求。双闸灌水升船机前的水位波动见图4.4-2,符合引航道水位波动的经验规律。

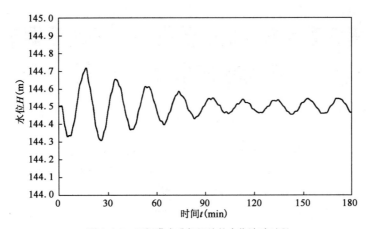

图 4.4-2　双闸灌水升船机处的水位波动过程

第5章 70＋6年淤积地形汛期日调节上游通航水流条件试验

在70＋6年淤积地形条件下,研究汛期日调节的上游通航水流条件。内容包括:电站机组2min开启增负荷;电站机组2min关闭减负荷;电站机组延时、错时开启和关闭;电站甩负荷;日调节与船闸灌水联合运行多种工况。试验在各工况条件下测量引航道、口门区、连接段、大坝前波高、流速、水面比降等,建立了水力要素与调节流量的关系,并对其运动规律进行分析。

5.1 电站、船闸运行对上下游水流条件的影响机理

为了更清楚地认识日调节对通航水流条件的影响,首先介绍汛期电站不进行调节时的上游口门区和引航道内的通航水流条件。然后再把电站日调节、船闸灌泄水非恒定流对通航水流条件影响的方式和机理进行一个简要的分析和介绍。主要有三个方面的内容:一是未进行日调节的通航条件;二是日调节对通航水流条件的影响方式;三是简单的归纳。

5.1.1 70＋6年淤积地形无日调节时的通航水流条件

1)口门区的流速

在大坝通过恒定流量25000m³/s条件下,观测上游引航道口门区流速分布,见表5.1-1。试验结果表明,口门区横向流速、纵向流速均满足通航标准。

70＋6年地形口门区流速表 表5.1-1

距堤头	$H = 145\text{m}, Q = 25000\text{m}^3/\text{s}$																							
	左80m				左40m				航道中心线				右40m				右80m				右120m			
	v	α	v_y	v_x	v	α	v_y	v_x	v	α	v_y	v_x	v	α	v_y	v_x	v	α	v_y	v_x	v	α	v_y	v_x
0	0.0				0.0				<0.1				<0.1				<0.2				<0.2			
100	0.0	0	0.0	0.0	0.3	−35	0.1	−0.1	0.3	−29	0.2	−0.1	0.4	−24	0.3	−0.1	0.4	−23	0.4	−0.2	0.8	−25	0.7	−0.3
200	0.1	−23	0.1	0.0	0.1	−18	0.3	−0.1	0.4	−15	0.4	−0.1	0.5	−15	0.5	−0.1	0.6	−14	0.6	−0.1	0.9	−13	0.9	−0.2
300	0.2	0	0.2	0.0	0.3	−5	0.3	0.0	0.4	−4	0.4	0.0	0.7	−5	0.7	−0.1	0.8	−5	0.8	−0.1	1.0	−5	0.9	−0.1
400	0.2	0	0.2	0.0	0.4	4	0.4	0.0	0.4	6	0.4	0.0	0.4	3	0.4	0.0	1.2	0	1.2	0.0	1.0	−4	1.0	0.0
500	0.2	178	−0.2	0.0	0.2	118	−0.1	0.2	0.4	33	0.3	0.2	0.5	28	0.4	0.2	0.7	13	0.6	0.1	1.0	13	1.0	0.2
600	0.3	180	−0.3	0.0	0.2	115	−0.1	0.2	0.4	53	0.3	0.2	0.5	19	0.4	0.2	0.7	24	0.7	0.3	1.1	7	1.1	0.1

备注:断面与堤头距离单位:m;流速单位:m/s;横流向左为正,向右为负。

2）引航道内往复流

由于口门区外的主流不稳定,造成口门区流态不稳,引发引航道内水流呈周期性往复流动。在流量25000m³/s条件下,观测了引航道内往复流各项水力指标。试验结果表明:船闸和升船机前波动高度小于0.12m,波动周期约25~30min。由于流量越小,水流越稳定,所以当流量在25000m³/s以下,引航道中的往复流对通航没有影响。

3）船闸灌水试验

在流量25000m³/s条件下双闸灌水,各测点的水位波动过程见图5.1-1。

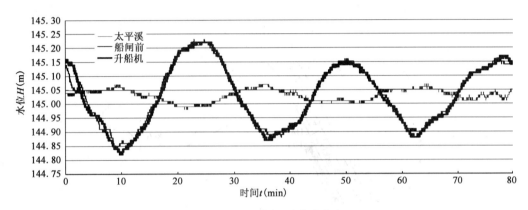

图5.1-1　船闸灌水的水位波动过程

由图可见,船闸灌水开始后,船闸前水位降低,然后又恢复,并超过静水面,开始长时间的振荡。第一个波动的幅度最大。船闸与升船机前的水位波动一致。太平溪的波高很小,比船闸前的波动在时间上滞后约10min,由于其周期性明显,且与船闸前的波动周期一致,可以认为是船闸灌水引起的。

在流量10000~20000m³/s条件下,单闸灌水、双闸灌水(阀门开启时间2min)在引航道内的水力要素见表5.1-2。可见船闸灌水在船闸前的波高满足标准,在升船机前则超过误载水深要求。同时观测了引航道内过渡段流速及靠船墩系缆力,均满足标准。

船闸灌水引航道内通航水流条件　　　　　　　　　　　　　　　　表5.1-2

灌水方式	波高 ΔH(m)			流速 v(m/s)		比降 j(‰)	纵向系缆力 F(kN)
	闸首	靠船墩	升船机	靠船墩	过渡段	靠船墩	靠船墩
双闸	0.40	0.40	0.40	0.16	0.48	0.11	13.9
单闸	0.20	0.20	0.20	0.08	0.25	0.05	6.5

5.1.2　日调节对上游通航水流条件影响方式

电站日调节是根据电网一天24h用电情况,对电站机组出力过程进行人为调节。电站日调节过程中,根据调度曲线对机组下泄的流量进行调节,库区河道水位、流量也会相应变化。当电站增加流量,上游断面流速增加,水位降低,称为负波。当电站减小流量,上游断面流速减小,水位升高,称为正波。正波或负波从大坝附近开始,以一定速度向上游传递。各断面水流运动要素,随着日调节波动的传播过程发生变化。这里只研究对水流条件影响最大的正波及负波运动规律。当正波或负波传到上游引航道口门区时,由于水位变化,引航道水体从口门流入或流出,从而引发口门区纵向及横向流速变化,以及船闸和升船机前水位的波动。

水流波动影响引航道水深、人字闸门处的正反向水头;电站调节引起水位日变幅和时变率,会影响河道航行水深、港口作业、锚泊条件。流速与水面比降会影响航行条件与停泊条件。

1) 对波高的影响

日调节过程中,当波高超过一定限值,就会影响船舶正常航行以及船闸、升船机的正常运转。图 5.1-2 为起始流量 10000m³/s,电站机组在 2min 内开启,流量增加 7200m³/s,通过电站的流量及太平溪(30#)、船闸前(7#)水位时间过程。从图中看出,太平溪测点在大坝流量增加后,水位迅速降低,形成负波。水位降低值即为负波波高。船闸前水位降低,先形成波谷,然后有所上升,波高大于太平溪水位测点。由于引航道一端封闭,负波在闸前发生反射,叠加后的波高大于入射波。

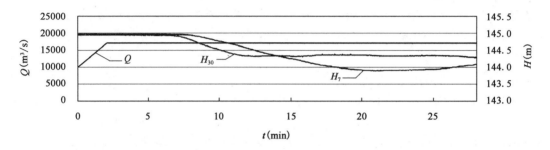

图 5.1-2　电站机组 2min 开启增负荷,过坝流量与测点水位变化过程

图 5.1-3 为电站机组关闭减负荷时的水位变化过程。试验条件为起始流量 20000m³/s,电站机组 2min 关闭,流量减少 6800m³/s。电站机组关闭,大坝流量减小,河道水位升高,形成正波。水位升高值即为正波波高。

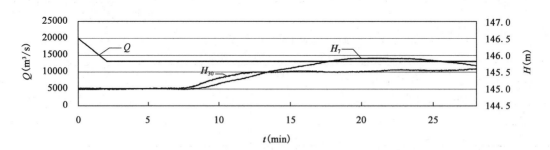

图 5.1-3　电站机组关闭减负荷,过坝流量与测点水位变化过程

根据参考文献,电站日调节在矩形断面河道的波高可用公式(5.1-1)估算:

$$\Delta H = \Delta Q / (Bc) \tag{5.1-1}$$

$$c = \sqrt{gh} \pm v \tag{5.1-2}$$

式中:ΔH 为波高(m);B 为水面宽(m);ΔQ 为断面流量变化(m³/s);c 为波速(m/s);g 为重力加速度(m/s²);h 为平均水深(m);v 为水流流速(m/s)。可见,波高 ΔH 与流量变化 ΔQ

成正比,与水面宽度 B 及波速 c 成反比。不规则断面的波高与流量变化关系比较复杂,但是可以据此公式进行定性分析。

2)对流速的影响

图 5.1-4 为 9 年断面各点在起始流量 $Q=10000\text{m}^3/\text{s}$,电站机组 2min 开启,流量增加 $\Delta Q=12457\text{m}^3/\text{s}$ 的流速时间过程线。图 5.1-5 为起始流量 $Q=10000\text{m}^3/\text{s}$,电站机组 2min 关闭,电站流量减少 $\Delta Q=7200\text{m}^3/\text{s}$,9 年断面各点的流速时间过程线。由图可见,电站机组开启,主河道流速增加;电站机组关闭,主河道流速减小。由于库区河道水深较大、流速一般较小,流速增加或减小的幅度有限,不影响船舶航行。而在上游引航道口门区,水深较浅,水体绕过堤头流入或流出引航道,在口门形成横流,当横流 v_x 超过一定限值(0.3m/s),就会影响船舶正常进出引航道。

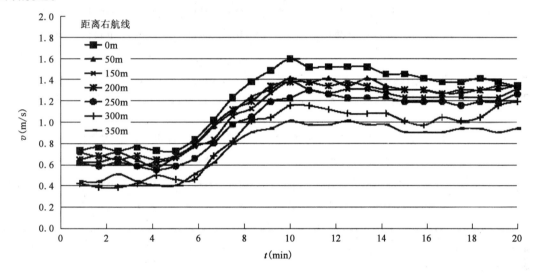

图 5.1-4　电站机组 2min 开启增负荷,主河道 9 年断面流速变化

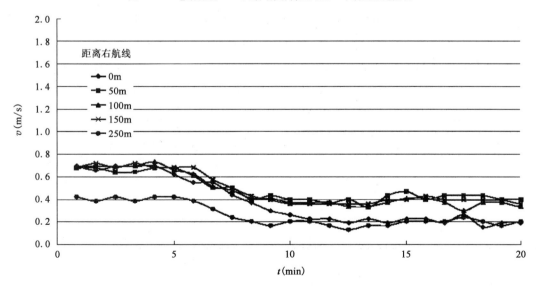

图 5.1-5　电站机组 2min 关闭减负荷,主河道 9 年断面流速变化

开启电厂机组,水体流出引航道;关闭电厂机组水体流入引航道。图 5.1-6 为起始流量 10000m³/s,电站机组 2min 开启,流量增加 7200m³/s,口门区 0m 断面距离中心线不同距离各点的流速时间过程。图中,第一个峰是流出引航道的流速,第二个峰是流入引航道的流速。由图可见,口门区流速具有明显的周期性,并且衰减很快。因此,可以研究错开电站机组运转时间以减小口门区纵向、横向流速的运转措施,从而减小日调节对通航的影响。

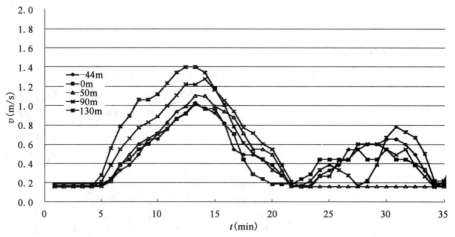

图 5.1-6　电站机组 2min 开启增负荷,口门区测点流速时间过程

3) 对比降的影响

日调节过程中正波或负波波峰所到之处,水面比降会发生剧烈变化,波峰过后,水面又相对平缓。图 5.1-7 是起始流量 10000m³/s,电站机组 2min 开启,流量增加约 7200m³/s,所形成的负波经过庙岭、太平溪时,30#、29# 水位传感器之间形成的水面比降变化。观测到最大比降约 0.2‰。由图可见,负波没有到来之前,比降相对稳定。负波波前经过时,比降急剧增加。负波波峰过后,比降迅速减小。在上游引航道内由于波动存在,靠船墩等处比降也随时间变化。与主河道不同的是,引航道内由于波动反射叠加,比降加大,但日调节试验方案引航道靠船墩的比降均能满足通航标准,比降不是通航的控制条件。

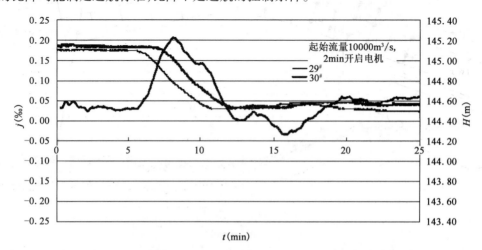

图 5.1-7　电站机组 2min 开启增负荷,太平溪水位比降变化过程

5.1.3　电站、船闸运行对上下游水流条件的影响机理框图

电站与船闸运行及影响机理框图见图5.1-8。

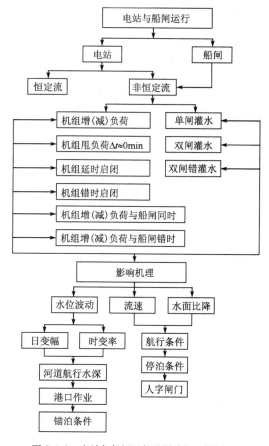

图5.1-8　电站与船闸运行及影响机理框图

5.2　电站机组2min开启增负荷运行

5.2.1　波高试验结果

1）主河道的波高

负波从大坝沿主河道向上游各断面传播，测得波动沿主河道的传播速度为14m/s。坝前波高稍大，经过口门区后（3000m左右）有轻微衰减。绕射进入引航道后，由于端部反射作用，波高逐渐加大，到船闸与升船机上闸首前出现最大值。日调节波高对主河道影响主要是水位上升和下降，对船舶航行影响甚小。三峡上游库区地形沿程逐渐缩窄，对负波波高有加大作用。负波在纵向坦化，在横向加大，导致波高衰减得比较慢。

因主河道波高运动规律与引航道内不同，故选择距离口门区稍远的太平溪进行研究。

图 5.2-1 为起始流量 5000m³/s、10000m³/s、20000m³/s，电站机组开启时间 2min，太平溪波高与电站机组流量之间的关系。不同河道起始流量，相同调节流量条件下的波高值接近。波高与调节流量的关系为：

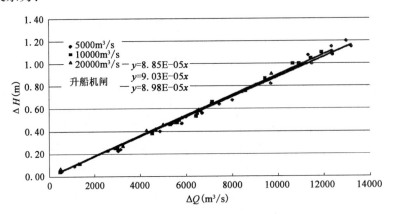

图 5.2-1　电站枢纽 2min 开启，太平溪负波波高与流量的关系

$$\Delta H = 9.03 \times 10^{-5} \Delta Q \tag{5.2-1}$$

式中：ΔH 为负波波高（m），ΔQ 为开启电站机组流量（m³/s）。

日调节方案对应的主河道太平溪负波波高，见表 5.2-1。最大波高发生在调节容量 1000 万 kW、起始流量 10000m³/s 的情况，为 $H = 0.65m$，此时的调节流量为 7200m³/s。主河道上航道底高程最高为 +139m，调节前水位为 +145m，正常航行水深要求 4.5m，允许富裕水深 1.5m，日调节不会出现航道水深不足的情况。

主河道太平溪负波波高　　　　　　　　　　　　　表 5.2-1

日调节容量（万 kW）	日均流量 10000m³/s		日均流量 15000m³/s		日均流量 20000m³/s	
	$Q_2 - Q_1$	ΔH(m)	$Q_2 - Q_1$	ΔH(m)	$Q_2 - Q_1$	ΔH(m)
600	4400	0.40	4500	0.41	4600	0.41
800	5800	0.52	6000	0.54	4600	0.41
1000	7200	0.65	7000	0.63	4600	0.41

2）船闸与升船机上闸首前的波高

鉴于升船机前和船闸前的波高幅度相同，因此，仅研究船闸前波高运动规律。日调节不同起始流量对船闸闸首前波高的影响见图 5.2-2。由图可见起始流量对波高影响不大，流量 5000~20000m³/s 是同一个规律。船闸前的负波波高分散程度比主河道略大，波高与调节流量的关系为：

$$\Delta H = 1.37 \times 10^{-4} \Delta Q \tag{5.2-2}$$

日调节方案对应的船闸和升船机闸首前的负波波高，见表 5.2-2。船闸引航道底高程为 +139m，调节前水位为 +145m，调节时最大负波波高 0.99m，升船机引航道底高程为 +140m，水深会降到 4.0m。引航道内波动高度限值为 0.5m，3 种调节容量对应的日调节方案中的波高均超标。根据研究结果推算，在调节流量小于 3600m³/s 时波高才小于 0.5m。

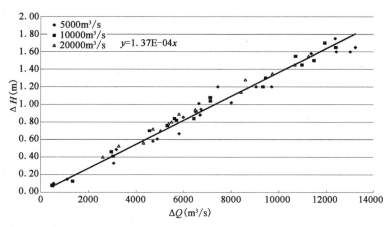

图 5.2-2　不同起始流量,船闸前负波波高与调节流量的关系

船闸上闸首负波波高　　　　　　　　　　　　　　　　　　　表 5.2-2

日调节容量(万 kW)	日均流量 10000m^3/s		日均流量 15000m^3/s		日均流量 20000m^3/s	
	$Q_2 - Q_1$	ΔH(m)	$Q_2 - Q_1$	ΔH(m)	$Q_2 - Q_1$	ΔH(m)
600	4400	0.60	4500	0.62	4600	0.63
800	5800	0.79	6000	0.82	4600	0.63
1000	7200	0.99	7000	0.96	4600	0.63

3)大坝前与口门区的波高

大坝前的波动是由于电站机组开启,过机流量增加而产生,负波传递到船闸前发生反射。口门区介于大坝与船闸之间,该点存在两个水位变化过程。第一水位变化由于大坝前的波动,第二水位变化是引航道内船闸与升船机反射后的波动,口门区测点波高为两个水位变化的叠加。

电站机组 2min 开启,大坝前、口门区、引航道过渡段、连接段 4 个测点的波高变化规律见图 5.2-3。可以看出起始流量对测点波高影响不大,而不同测点之间的差别比较明显。在相同条件下,波高从过渡段、坝前、口门、连接段依次减小。波高与调节流量的关系为:

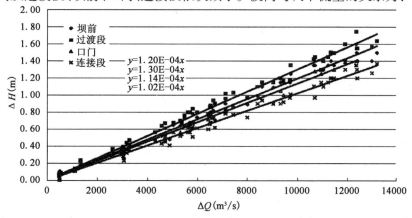

图 5.2-3　起始流量 5000 ~ 20000m^3/s,电站机组 2min 开启口门区波高与调节流量的关系

大坝前	$\Delta H = 1.20 \times 10^{-4} \Delta Q$	(5.2-3)
过渡段	$\Delta H = 1.30 \times 10^{-4} \Delta Q$	(5.2-4)
口门区	$\Delta H = 1.14 \times 10^{-4} \Delta Q$	(5.2-5)
连接段	$\Delta H = 1.02 \times 10^{-4} \Delta Q$	(5.2-6)

引航道过渡段、口门区及连接段航道底高程为 +139m,满足船队正常航行水深 4.5m 的要求。但当 $\Delta Q > 4000\mathrm{m^3/s}$ 时就不满足引航道波高 $\Delta H \leqslant 0.5\mathrm{m}$ 限值要求。

5.2.2 流速试验结果

1)主河道(连接段)的流速

选择 9 号断面与右航道中线相交的流速测点($22^{\#}$)的流速变化过程,寻求日调节对主河道(连接段)流速影响的规律。图 5.2-4 为起始流量 $Q = 5000\mathrm{m^3/s}$、$10000\mathrm{m^3/s}$、$20000\mathrm{m^3/s}$ 情况下,电站机组 2min 开启,流速变化 v 与电站流量变化 ΔQ 的关系。由图可见:v 随 ΔQ 增加而增加。三种起始流量情况下,直线斜率基本一致。9 号断面与右航线交点的流速与电站流量的关系为:

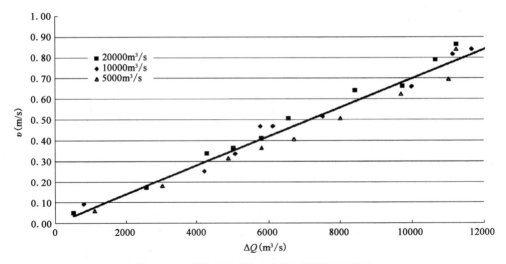

图 5.2-4 不同起始流量流速变化与调节流量的关系

$$v = 7.0 \times 10^{-5} \Delta Q \tag{5.2-7}$$

式中:v 为流速变化(m/s)。根据式(5.2-7)得到日调节过程中 $22^{\#}$ 测点的流速变化值,见表 5.2-3。日调节试验方案最大变化流量只有 $7200\mathrm{m^3/s}$,流速增加约 0.5m/s。

连接段 $22^{\#}$ 测点的流速变化值　　　　表 5.2-3

日调节容量(万 kW)	日均流量 10000m³/s		日均流量 15000m³/s		日均流量 20000m³/s	
	$Q_2 - Q_1$	v(m/s)	$Q_2 - Q_1$	v(m/s)	$Q_2 - Q_1$	v(m/s)
600	4400	0.31	4500	0.32	4600	0.32
800	5800	0.41	6000	0.42	4600	0.32
1000	7200	0.50	7000	0.49	4600	0.32

2）口门区的流速

（1）口门 0m 断面的流速分布。图 5.2-5 为起始流量 10000m³/s，电站机组 2min 开启，不同调节流量时口门区 0m 断面流速分布，流速方向指向上游。由于电站不进行日调节时，口门 0m 断面流速很小，所以图中的流速近似于流速增加值。电站流量增加，断面流速也增加。越靠近导堤，流速越大。

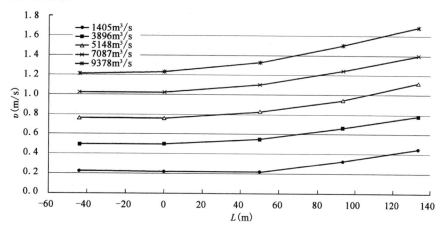

图 5.2-5　起始流量 10000m³/s 电站机组 2min 开启，口门区 0m 断面流速分布

图 5.2-6 为起始流量 5000m³/s、10000m³/s、20000m³/s，电站机组 2min 开启的结果，口门区 0m 断面中线 A 点与导堤处纵向流速 v_y 与调节流量 ΔQ 的关系为：

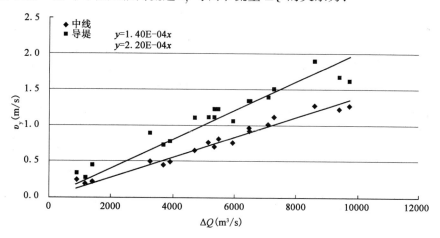

图 5.2-6　口门区 0m 断面中线 A 点与堤头处纵向流速与调节流量的关系

0m 断面中线 A 点纵向流速 $\qquad v_y = 1.40 \times 10^{-4} \Delta Q \qquad$ (5.2-8)

0m 断面中线堤头纵向流速 $\qquad v_y = 2.20 \times 10^{-4} \Delta Q \qquad$ (5.2-9)

日调节方案口门区 0m 断面 A 点纵向流速，见表 5.2-4。在流量增加 7200m³/s 时，流速增加最大为 1.0m/s。

口门区 **0m** 断面中心（A 点）的纵向流速增加值 　　　　表 5.2-4

日调节 容量（万 kW）	日均流量 10000m³/s		日均流量 15000m³/s		日均流量 20000m³/s	
	$Q_2 - Q_1$	v_y（m/s）	$Q_2 - Q_1$	v_y（m/s）	$Q_2 - Q_1$	v_y（m/s）
600	4400	0.62	4500	0.63	4600	0.64
800	5800	0.81	6000	0.84	4600	0.64
1000	7200	1.00	7000	0.98	4600	0.64

（2）引航道过渡段的流速。图 5.2-7 为起始流量 10000m³/s，电站机组 2min 开启，在引航道过渡段中线处的流速变化与调节流量的关系，见下式：

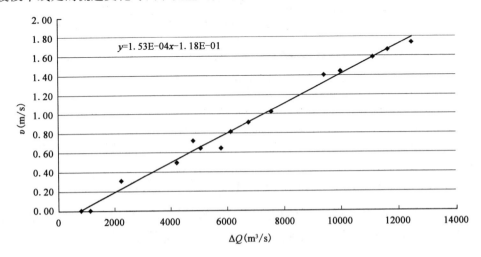

图 5.2-7　起始流量 10000m³/s，电站机组 2min 开启，引航道过渡段中线处的流速与调节流量的关系

$$v = 1.53 \times 10^{-4} \Delta Q - 0.118 \qquad (5.2\text{-}10)$$

根据式 5.2-10，若调节流量超过 6000m³/s，过渡段流速会超过引航道流速限值（0.8m/s）。因此，日调节试验方案在容量 800 万 kW、日均流量 10000m³/s 以及容量 1000 万 kW、日均流量 10000m³/s、15000m³/s 时，由于调节流量超过 6000m³/s，使过渡段流速超标，见表 5.2-5。

过渡段的纵向流速增加值 　　　　表 5.2-5

日调节 容量（万 kW）	日均流量 10000m³/s		日均流量 15000m³/s		日均流量 20000m³/s	
	$Q_2 - Q_1$	v_y（m/s）	$Q_2 - Q_1$	v_y（m/s）	$Q_2 - Q_1$	v_y（m/s）
600	4400	0.56	4500	0.57	4600	0.59
800	5800	0.77	6000	0.80	4600	0.59
1000	7200	0.98	7000	0.95	4600	0.59

（3）口门区的横流。电站机组 2min 开启，在口门区发生向右侧的横流。范围在口门区 300m 内，最大横向流速出现在上游 100m 靠近右侧航线处。横向流速见图 5.2-8。测点位于航道中心线 A 点上游 100m，右侧 90m 处。最大流速时的流向与航线的夹角约 60°。图中显示，起始流量 10000~20000m³/s 对最大横流影响不明显。横流随调节流量增加而增加。

电站机组 2min 开启，口门区的横流与调节流量的关系为：

$$v_x = 1.02 \times 10^{-4} \Delta Q \qquad (5.2\text{-}11)$$

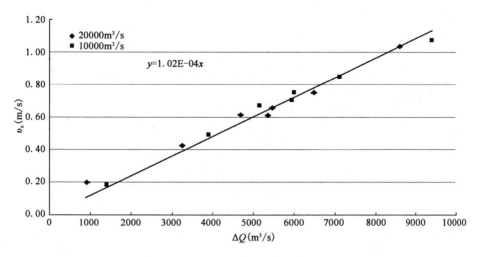

图 5.2-8　起始流量 10000～20000m³/s，口门区横流与流量增加的关系

电站机组 2min 开启，日调节方案口门区的最大横向流速见表 5.2-6，在口门区右侧航线最大横向流速均超标（>0.30m/s）。以横流 0.3m/s 为控制条件，调节流量不应超过 2941m³/s，约为 2～3 台机组的流量变化。

口门区的横向流速 表 5.2-6

日调节容量（万 kW）	日均流量 10000m³/s		日均流量 15000m³/s		日均流量 20000m³/s	
	$Q_2 - Q_1$	v_x(m/s)	$Q_2 - Q_1$	v_x(m/s)	$Q_2 - Q_1$	v_x(m/s)
600	4400	0.45	4500	0.46	4600	0.47
800	5800	0.59	6000	0.61	4600	0.47
1000	7200	0.73	7000	0.71	4600	0.47

5.2.3　水面比降试验结果

负波传递到引航道内，在靠船墩等处产生水面比降。靠船墩、升船机前、过渡段比降最大时，比降为负值，而口门区、连接段正好相反，比降为正值。图 5.2-9 为起始流量 10000m³/s，电站机组 2min 开启，引航道各处的比降值。最大比降与调节流量的关系为：

靠船墩、升船机　　　　　　$j = -1.29 \times 10^{-5} \Delta Q$　　　　　　（5.2-12）

过渡段　　　　　　　　　　$j = -4.89 \times 10^{-5} \Delta Q$　　　　　　（5.2-13）

口门区　　　　　　　　　　$j = 5.78 \times 10^{-6} \Delta Q$　　　　　　（5.2-14）

连接段　　　　　　　　　　$j = 1.70 \times 10^{-5} \Delta Q$　　　　　　（5.2-15）

式中：j 为比降（‰），由于起始比降很小，变化值即为比降值。引航道过渡段的比降最大，口门区较小，靠船墩与升船机前面比降基本相同。电站机组 2min 开启，过渡段在调节流量 7200m³/s 条件下最大比降为 -0.35‰，满足比降限值要求。图 5.2-10 为起始流量 20000m³/s，电站机组 2min 开启，靠船墩的比降，与起始流量 10000m³/s 接近。日调节方案靠船墩处的比降，见表 5.2-7。其比降远小于限制值（0.4‰）。

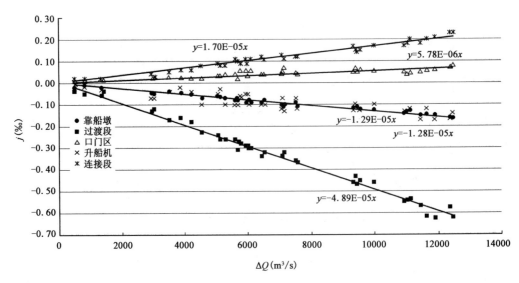

图 5.2-9　起始流量 10000m³/s，电站机组 2min 开启，引航道各处的比降与调节流量的关系

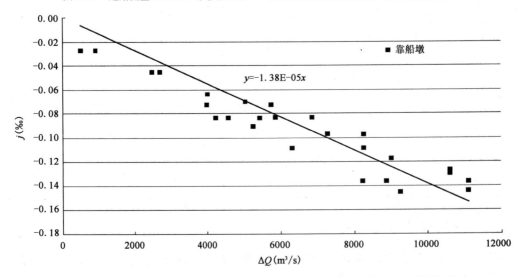

图 5.2-10　起始流量 20000m³/s，电站机组 2min 开启，靠船墩的比降与调节流量的关系

日调节试验方案靠船墩比降　　　　　　　　　　表 5.2-7

日调节	日均流量 10000m³/s		日均流量 15000m³/s		日均流量 20000m³/s	
容量(万 kW)	$Q_2 - Q_1$	$j(‰)$	$Q_2 - Q_1$	$j(‰)$	$Q_2 - Q_1$	$j(‰)$
600	4400	0.057	4500	0.058	4600	0.059
800	5800	0.075	6000	0.077	4600	0.059
1000	7200	0.092	7000	0.090	4600	0.059

5.2.4　系缆力试验结果

　　由于靠船墩处船队纵向与水面坡降方向一致，纵向系缆力主要为坡降力，其变化规律与靠船墩处的水面坡降一致。起始流量大小对系缆力影响不明显，单位时间内电站机组流量变化

与系缆力有直接关系,见图5.2-11。

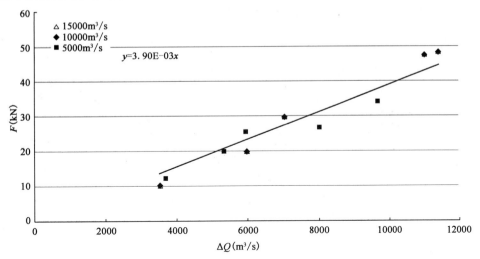

图5.2-11　靠船墩处9驳船队纵向系缆力与调节流量的关系

电站机组2min开启条件下,靠船墩处船队纵向系缆力可用下式估算:

$$F = 3.90 \times 10^{-3} \Delta Q \qquad (5.2\text{-}16)$$

式中:F为船队纵向力(kN)。

日调节方案靠船墩纵向系缆力,见表5.2-8。可见靠船墩的纵向系缆力在最大调节流量$\Delta Q = 7200 m^3/s$时仅28kN,小于限制值(50kN),故均满足要求。

靠船墩系缆力　　　　　　　　　　　　　　　　　　表5.2-8

日调节	日均流量10000m³/s		日均流量15000m³/s		日均流量20000m³/s	
容量(万kW)	$Q_2 - Q_1$	F(kN)	$Q_2 - Q_1$	F(kN)	$Q_2 - Q_1$	F(kN)
600	4400	17	4500	18	4600	18
800	5800	23	6000	23	4600	18
1000	7200	28	7000	27	4600	18

5.3　电站机组延时开启运行

5.3.1　波高试验结果

1)主河道的波高

图5.3-1为起始流量10000m³/s条件下,电站机组从0、2、4、6min开启时太平溪处负波波高与调节流量的关系。[此处的瞬间开启(0min),在模型上是人工突然提起闸门,开门时间大约等于原体5s]可见,波高随电站机组调节流量增加而增加,与电站机组开启时间关系不大。

2)船闸与升船机上闸首前的波高

图5.3-2为起始流量10000m³/s,电站机组在0~6min条件下开启,船闸前负波波高与调

节流量的关系。由图可见,船闸前波高随调节流量增加而增加。电站机组延时开启对波高影响不大。原因是开启时间相对于波动周期还是较短。

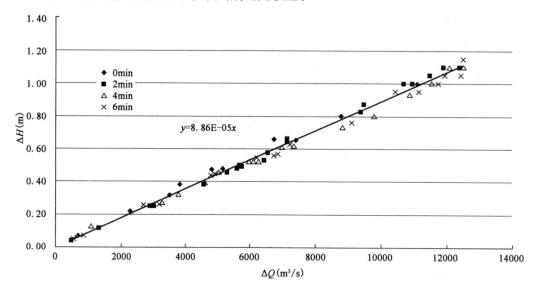

图 5.3-1　起始流量 10000m³/s,开启时间 0～6min 太平溪负波波高与调节流量的关系

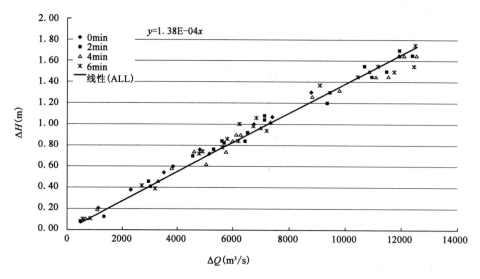

图 5.3-2　不同开启时间,船闸前负波波高与调节流量的关系

5.3.2　流速试验结果

1) 主河道的流速

图 5.3-3 为起始流量 10000m³/s,电站机组开启时间 0～6min,9 年断面左侧第一点(22#),v 与 ΔQ 的关系曲线。开启时间不同,电站流量变化时间不同,但对测点流速影响不大,流速与调节流量的关系与 2min 基本一致。只是流量变化是累积的过程,而流速变化值是流量变化的最终结果。

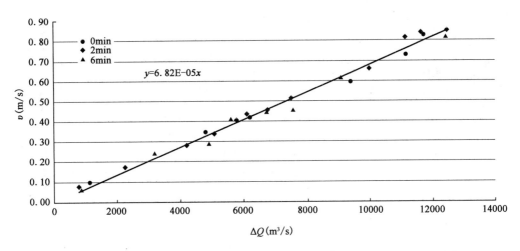

图 5.3-3　起始流量 10000m³/s，电站机组不同开启时间，22# 流速变化与调节流量的关系

起始流量 10000m³/s，电站三种不同开启时间，9 年断面左侧第一点（22#）流速时间过程线见图 5.3-4。从图可知，三种情况的变化流量基本一致，曲线的变化规律也相似。

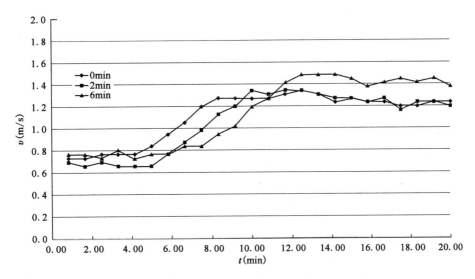

图 5.3-4　电站机组不同开启时间 22# 的流速时间过程线

2）口门区过渡段的流速

图 5.3-5 是起始流量 10000m³/s，电站机组不同开启时间口门区过渡段的流速与调节流量的关系。由图可见，瞬间开启 0min 与 4min 开启，流速分散程度不大，与电站机组 2min 开启结果一致。说明，电站机组开启在 4min 以内变化时，开启时间对口门区过渡段流速影响不大。

电站机组开启时间对口门区流速影响不大，原因是：引航道水体流入流出的周期较长（约 25min），开启时间在几分钟之内变化，变化时间相对波动时间较短，对流动的影响相对较小。

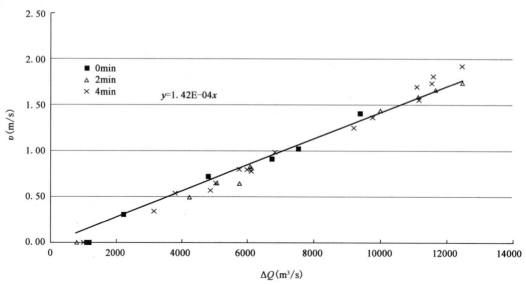

图 5.3-5　电站机组不同开启时间口门区过渡段的流速与调节流量的关系

5.3.3　水面比降试验结果

在起始流量 10000m³/s，电站增加流量约 7000m³/s，电站机组开启时间为 0～6min，30# ～ 29# 水位测点之间的比降时间过程如图 5.3-6 所示。随着电站机组开启时间加长，比降变化逐渐变缓，其最大值也逐渐下降。说明，延长电站机组开启时间，能降低流量变化率，对降低局部比降有明显作用。从图中看出，比降变化与开启时间不是线性关系，原因是开启过程中形成的负波在传播时逐渐平坦化、变形。

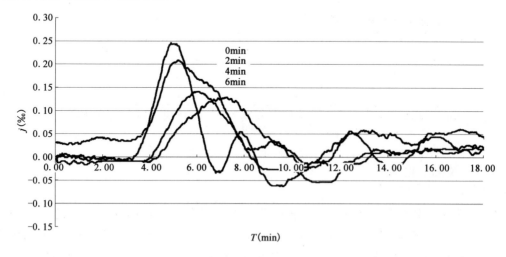

图 5.3-6　河道比降与电站机组开启时间的关系

图 5.3-7 为起始流量 20000m³/s，电站 0min 开启时靠船墩、过渡段的比降。与机组 2min 正常开启［式（5.2-13）、式（5.2-14）］比较，比降明显增大。在调节流量 7200m³/s 条件下，靠船墩比降不超标，过渡段比降接近 0.04%。试验进一步证明，比降不是日调节的控制因素。

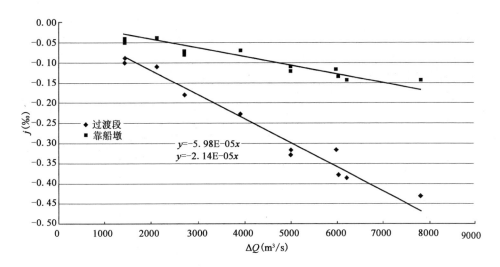

图 5.3-7　起始流量 20000m³/s，电站 0min 开启，靠船墩、过渡段的比降与调节流量的关系

0min 开启电站机组条件下，靠船墩、过渡段水面比降与调节流量的关系为：

靠船墩 $\qquad\qquad\qquad j = -2.14 \times 10^{-5}\Delta Q$ （5.3-1）

过渡段 $\qquad\qquad\qquad j = -5.98 \times 10^{-5}\Delta Q$ （5.3-2）

延时开启电站机组，对减小船闸和升船机闸首前的波高作用很小，但是可以降低水面局部比降。由于局部比降不是水流条件的控制因素，因此，采用延时开启电站机组来改善通航水流条件的意义不大。

5.4　电站机组错时开启运行

为寻找改善日调节通航水流条件的途径，研究电站机组错时开启。在 2min 内开启第一组，等待 12min（约 1/2 引航道水流运动周期）再开第二组。日调节方案，未错开运行时靠船墩处的水面比降、系缆力均满足标准，错开 12min 开启机组，由于单位时间内的流量变化减小近一半，所以靠船墩处的水面比降、系缆力会有大幅度减小。因此，只研究错时开启的波高、流速。

5.4.1　波高试验结果

1）主河道的波高

由于波动周期较长，而波动是线性的叠加，即一个波在另一个波的基础上生成运动。图 5.4-1 为起始流量 15000m³/s，调节流量 10693m³/s，河道（太平溪 30# 测点）和闸前（7# 测点）的水位随时间的变化过程。研究时先用 2min 开启部分电站机组，约一半流量，12min 后再开启部分电站机组，增加其余的流量。流量时间过程线有大致相等的两个水位变化。水位时间曲线也出现了两次较明显的降低，其总的波高约为 0.9m。表 5.4-1 为太平溪测点在错时开启的波高与同时开启的比较。

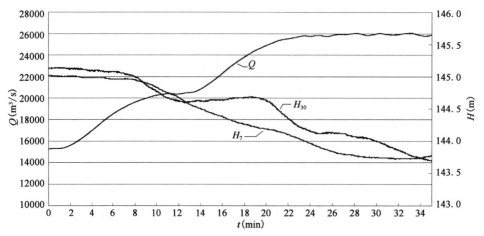

图 5.4-1　电站分两次开启，河道与闸前水位与时间的关系

错时开启与同时开启的比较　　　　　　　　　　　　表 5.4-1

$\Delta Q_1 + \Delta Q_2$ (m³/s)	错开 ΔH_1 (m)	同时 ΔH_2 (m)
7134	0.67	0.64
9595	0.97	0.86
10693	1.07	0.96

结果表明：错时开启电站机组进行日调节，对库区河道波高总值减少作用甚小。

2）船闸与升船机上闸首前的波高

图 5.4-1 的 7# 水位测点即为船闸前的水位变化过程。电站机组 2 次开启在船闸前表现为 1 个大的负波。表 5.4-2 为将日调节流量（$\Delta Q_1 + \Delta Q_2$）近似平分两次，错开 12min 开启电站机组，每次开启时间 2min 的结果与同时开启的比较。

错时开启与同时开启的比较　　　　　　　　　　　　表 5.4-2

Q (m³/s)	$\Delta Q_1 + \Delta Q_2$ (m³/s)	错开 ΔH_1 (m)	同时 ΔH_2 (m)
15000	7134	0.85	0.99
15000	9595	1.20	1.33
15000	10693	1.27	1.49

试验表明，错时 12min 开启机组，对降低船闸前的波高有一定作用。

5.4.2　流速试验结果

图 5.4-2 为起始流量 20000m³/s 电站机组单开、同时开或错开 12min 对口门区流速的影响。图中显示，错开 12min 开启，时间约为引航道内水体运动周期的 1/2，有效地减小了口门区的流速。一次开启机组，流量增加 10506m³/s，流速达到 1.4m/s，分两次错开，总调节流量 9496m³/s，最大流速只有 0.8m/s，相当于一次同时增加约 5000m³/s 流量的流速。之所以能够降低流速，是因为口门区流动的周期性。在总流量相同的情况下，电站机组错开一定时间开启，可以避免两次流速的峰值叠加，其叠加部分的流速值甚至有可能小于单次开启的峰值。因

此,电站机组错开一定的时间运行是减小口门区流速的有效途径。

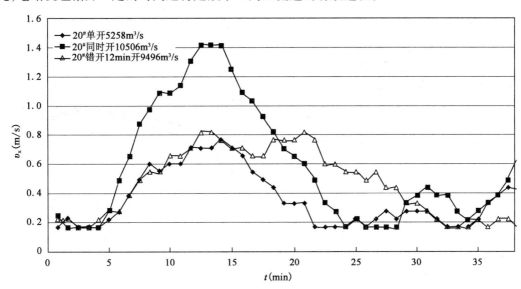

图 5.4-2 起始流量 $20000\text{m}^3/\text{s}$ 电站机组单开、同时开或错开对口门区横流的影响

5.5 电站机组 2min 开启与船闸灌水联合运行

电站机组开启增负荷,引航道内水体流出口门。船闸灌水时使主河道水体流入引航道。在两者叠加以后,口门区流速会比电站机组单独开启的情况小。因此,仅在双闸灌水与电站机组开启共同运行条件下,研究船闸和升船机闸首前的波高运动规律。

起始流量 $10000\text{m}^3/\text{s}$,船闸灌水与电站机组开启在船闸前形成的水位过程线以及叠加示意见图 5.5-1。由图可见,船闸灌水,电站机组开启在船闸前形成周期性水面波动,不同波动在闸前会发生叠加。图 5.5-2 为起始流量 $10000\text{m}^3/\text{s}$,双闸灌水与电站机组 2min 开启,船闸前波动的叠加结果。开启电站机组 12min 后,双线船闸开始灌水,负波波高比单独日调节开启电站机组约大 0.2m,波高与调节流量的关系为:

$$\Delta H = 1.39 \times 10^{-4} \Delta Q + 0.203 \tag{5.5-1}$$

电站开启机组日调节与双闸联合运行,电站机组先于船闸 12min 开启,日调节方案对应的船闸和升船机前负波波高,见表 5.5-1,波高最小也有 0.81m,故所有工况波高均超标。根据式(5.5-1)计算,只有在调节流量 $2158\text{m}^3/\text{s}$ 时,船闸前波高才满足 0.5m 的限值要求。

联合运行船闸前的负波波高 表 5.5-1

日调节容量	日均流量 $10000\text{m}^3/\text{s}$		日均流量 $15000\text{m}^3/\text{s}$		日均流量 $20000\text{m}^3/\text{s}$	
(万 kW)	$Q_2 - Q_1$	$\Delta H(\text{m})$	$Q_2 - Q_1$	$\Delta H(\text{m})$	$Q_2 - Q_1$	$\Delta H(\text{m})$
600	4400	0.81	4500	0.83	4600	0.84
800	5800	1.01	6000	1.03	4600	0.84
1000	7200	1.20	7000	1.17	4600	0.84

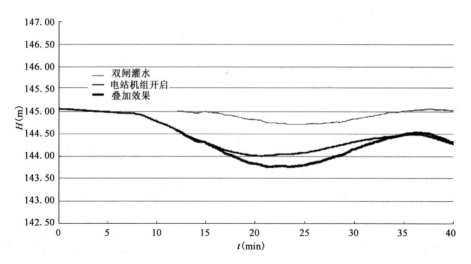

图 5.5-1　船闸灌水与电站机组开启在船闸前形成的水位过程叠加

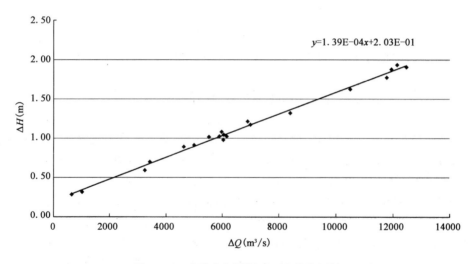

图 5.5-2　双闸灌水与电站机组开启的波高叠加

5.6　电站机组 2min 关闭减负荷运行

5.6.1　波高试验结果

1）主河道的波高

波高沿程变化不大。正波波高,沿程衰减慢的原因是从上游口门区开始,库区水面宽度逐渐缩窄,对波高沿程坦化有抵消作用。图 5.6-1 为起始流量 10000m³/s、20000m³/s,电站机组 2min 关闭和开启,太平溪水位测点正波与负波的比较。波高数值落在两根直线上,电站机组关闭形成的正波比开启形成的负波稍小。起始流量不同对波高影响很小。

图 5.6-2 为起始流量 10000~25000m³/s,电站机组 2min 关闭,太平溪水位测点正波与调

节流量的关系。可用下式表达:

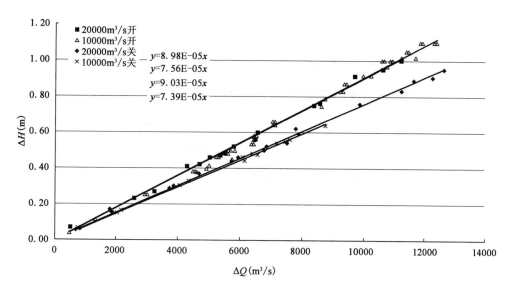

图5.6-1　电站机组2min关闭、开启,正、负波波高与流量的关系

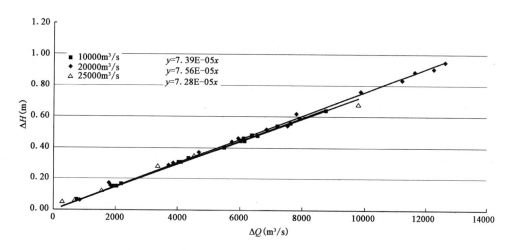

图5.6-2　起始流量10000~25000m³/s,电站机组2min关闭,水位测点正波与调节流量的关系

$$\Delta H = 7.5 \times 10^{-5} \Delta Q \qquad (5.6\text{-}1)$$

日调节方案中,由于电站机组关闭对应的主河道水位升高,所以不会影响船队正常航行需要的水深。

2)船闸与升船机上闸首前的波高

在不同起始流量条件下,电站机组2min关闭,船闸或升船机前的波高结果,见图5.6-3。图中显示,船闸或升船机前的波高在起始流量5000~25000m³/s为同一关系。波高与调节流量的关系为:

$$\Delta H = 1.30 \times 10^{-4} \Delta Q \qquad (5.6\text{-}2)$$

日调节方案船闸或升船机前的正波波高见表5.6-1,均不满足限值要求。如要求波高不超过 0.5m，则电站机组关闭减小的流量不应该超过 3846m³/s。

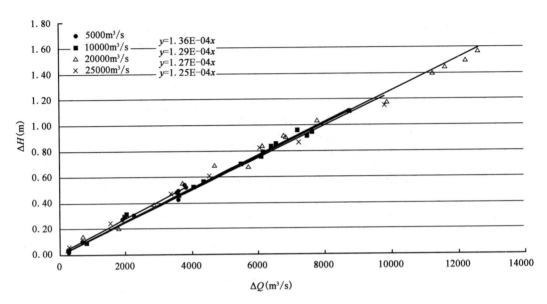

图 5.6-3　不同起始流量船闸前波高与调节流量的关系

电站机组 2min 关闭船闸前的正波波高　　　　　　　　　　　　　　　表 5.6-1

日调节容量	日均流量 10000m³/s		日均流量 15000m³/s		日均流量 20000m³/s	
（万 kW）	$Q_2 - Q_1$	ΔH（m）	$Q_2 - Q_1$	ΔH（m）	$Q_2 - Q_1$	ΔH（m）
600	−4400	0.57	−4500	0.58	−4600	0.60
800	−5800	0.75	−6000	0.78	−4600	0.60
1000	−7200	0.94	−7000	0.91	−4600	0.60

3）大坝与口门区的波高

在起始流量 10000m³/s、20000m³/s 条件下，电站机组减负荷，坝前段、过渡段、口门区、连接段 4 个测点的波高与调节流量的关系分别见图 5.6-4 与图 5.6-5。

电站机组关闭，坝前段、过渡段、口门区、连接段的波高与调节流量的关系为：

坝前段　　　　　　　　　　$\Delta H = 1.11 \times 10^{-4} \Delta Q$　　　　　　　　　　（5.6-3）

过渡段　　　　　　　　　　$\Delta H = 1.23 \times 10^{-4} \Delta Q$　　　　　　　　　　（5.6-4）

口门区　　　　　　　　　　$\Delta H = 9.86 \times 10^{-5} \Delta Q$　　　　　　　　　　（5.6-5）

连接段　　　　　　　　　　$\Delta H = 9.04 \times 10^{-5} \Delta Q$　　　　　　　　　　（5.6-6）

可用以上经验公式估算水位升高值。由于电站机组关闭对应的口门区水位升高，所以不影响船队正常航行水深 4.5m 的要求。

5.6.2　流速试验结果

电站机组 2min 关闭，河道水位升高，流速降低。不会出现流速超标的情况，因此只对口门区流速进行研究。

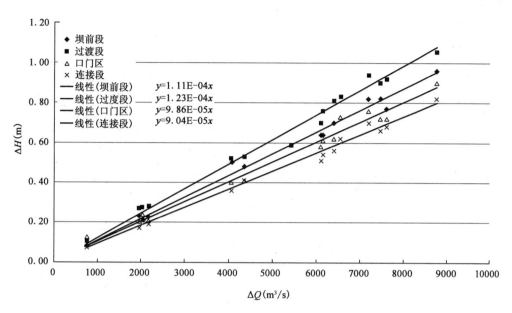

图 5.6-4　起始流量 10000m³/s,电站机组 2min 关闭典型部位测点波高与调节流量的关系

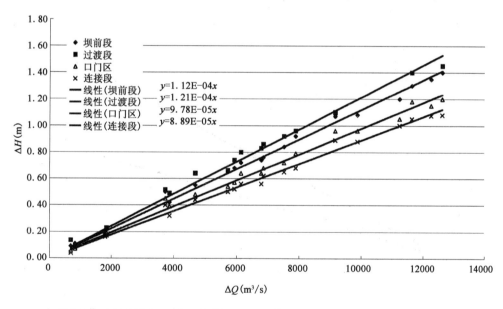

图 5.6-5　起始流量 20000m³/s,电站机组 2min 关闭典型部位测点波高与调节流量的关系

1) 口门 0m 断面的流速分布

在上游引航道口门区,由于水位升高,正波绕过堤头带动水体进入引航道,在口门形成向左的横流和流入引航道的纵向流速。图 5.6-6 为起始流量 10000m³/s,电站机组 2min 关闭,口门区 0m 断面流速分布与调节流量的关系。电站机组关闭的流速与开启比较,关闭时口门区 0m 断面流速分布,左侧偏小,右侧偏大,即关闭时流入引航道比开启时流出引航道的流速在断面上的分布不均匀程度大。图 5.6-7 为起始流量 10000m³/s、20000m³/s,电站机组 2min 关闭,口门区 0m 断面中线(A 点)与导堤处纵向流速与调节流量的关系,其关系式如下:

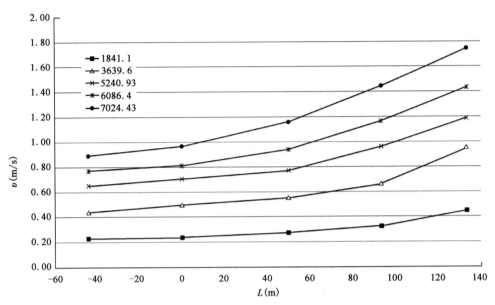

图 5.6-6　起始流量 10000m³/s 电站机组 2min 关闭口门区 0m 断面流速分布

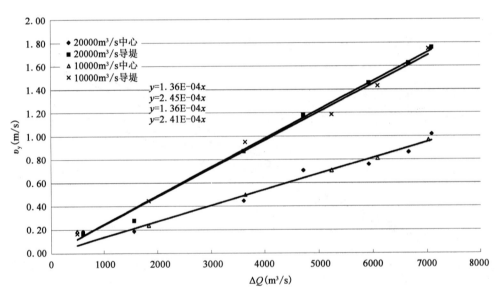

图 5.6-7　电站机组 2min 关闭,口门区 0m 断面 A 点与导堤根部纵向流速与调节流量的关系

中线处纵向流速 $\qquad v_y = 1.36 \times 10^{-4} \Delta Q$ $\qquad$ (5.6-7)

导堤处纵向流速 $\qquad v_y = 2.43 \times 10^{-4} \Delta Q$ $\qquad$ (5.6-8)

2)引航道过渡段的流速

图 5.6-8 为起始流量 10000m³/s,电站机组 2min 关闭在引航道过渡段中线处的流速变化与调节流量的关系。测点位置在引航道 A 点下游 300m 处。该处流速与调节流量的关系为:

$$v = 1.43 \times 10^{-4} \Delta Q - 0.05 \qquad (5.6-9)$$

从图看出,当电站调节流量超过 5600m³/s 时,过渡段的流速就超过了限值(0.8m/s)。

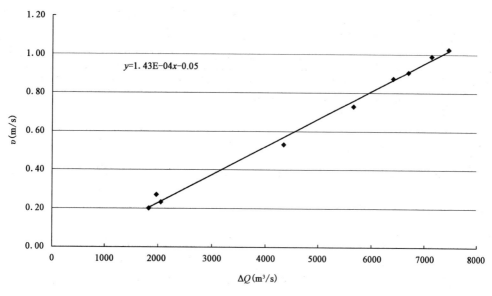

图5.6-8　电站机组2min关闭在引航道过渡段中线处的流速与调节流量的关系

3) 口门区的横流

关闭电站机组日调节,河道水体绕过导堤头部流入引航道。从而在右侧航线出现向左侧的横流。左航线上横向流速小于右侧航线,主要表现为纵向流速变化。图5.6-9为起始流量10000m³/s,口门区的横向流速与调节流量的关系。测点位置在航道中心线A点上游100m,右侧90m处。根据流向计算横流值,最大流速时的流向与航线的夹角约60°。横流速度与调节流量成正比。与调节流量的关系为:

$$v_x = 8.56 \times 10^{-5} \Delta Q \tag{5.6-10}$$

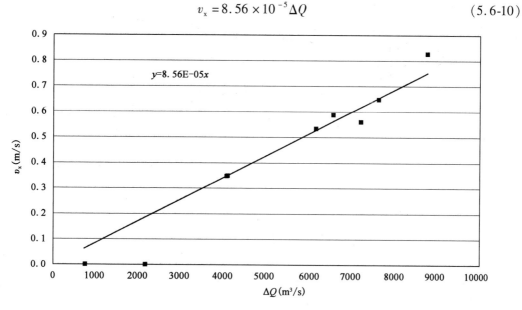

图5.6-9　口门区的横向流速与调节流量的关系

口门区的横向流速方向向左,与向右的横流比较,对航行的危害要小。以0.3m/s限值,日调节电站机组 2min 关闭,调节流量小于 3500m³/s 时,口门区右侧横流 <0.3m/s,反之则超标。日调节方案口门区右侧航线横向流速均超标,详见表 5.6-2。

口门区的横向流速　　　　　　　　　　　　　　　表 5.6-2

日调节容量	日均流量 10000m³/s		日均流量 15000m³/s		日均流量 20000m³/s	
（万 kW）	$Q_2 - Q_1$	v_x（m/s）	$Q_2 - Q_1$	v_x（m/s）	$Q_2 - Q_1$	v_x（m/s）
600	−4400	0.38	−4500	0.39	−4600	0.39
800	−5800	0.50	−6000	0.51	−4600	0.39
1000	−7200	0.62	−7000	0.60	−4600	0.39

5.6.3　水面比降试验结果

图 5.6-10 为起始流量 10000m³/s,电站机组 2min 关闭,引航道各处的比降与调节流量的关系。当引航道内水面倾向下游,比降为正值,当引航道外水面倾向上游,比降为负值。引航道过渡段的比降绝对值最大,口门区则较小。在调节流量 7200m³/s 条件下,电站机组 2min 关闭,过渡段最大比降为 0.29‰,满足限值要求。因此,日调节方案引航道内水面比降均满足要求。

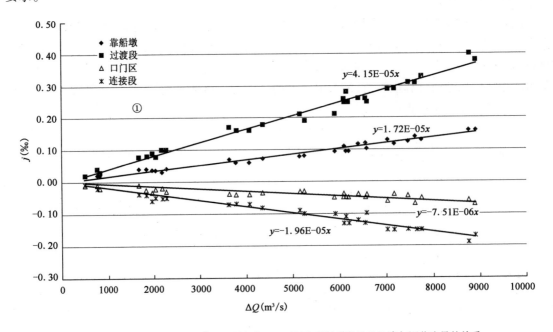

图 5.6-10　起始流量 10000m³/s,电站机组 2min 关闭,引航道各处的比降与调节流量的关系

电站机组 2min 关闭,引航道各处比降与调节流量的关系为:

靠船墩、升船机　　　　　　　　$j = 1.72 \times 10^{-5} \Delta Q$　　　　　　　（5.6-11）

过渡段　　　　　　　　　　　　$j = 4.15 \times 10^{-5} \Delta Q$　　　　　　　（5.6-12）

口门区　　　　　　　　　　　　$j = -7.51 \times 10^{-6} \Delta Q$　　　　　　（5.6-13）

连接段　　　　　　　　　　　　$j = -1.96 \times 10^{-5} \Delta Q$　　　　　　（5.6-14）

图 5.6-11 为起始流量 20000m³/s,电站机组 2min 关闭,靠船墩处比降与调节流量的关系,

与起始流量$10000\text{m}^3/\text{s}$结果接近。

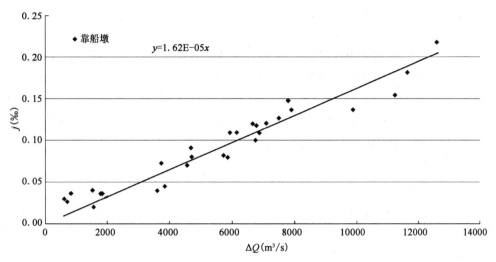

图5.6-11 起始流量$20000\text{m}^3/\text{s}$,电站机组2min关闭,靠船墩处水面比降与调节流量的关系

5.6.4 系缆力

起始流量$10000\text{m}^3/\text{s}$、$25000\text{m}^3/\text{s}$,电站机组2min关闭,靠船墩处9驳船队所受纵向力与调节流量的关系,见图5.6-12。起始流量对靠船墩处9驳船队系缆力影响不明显,系缆力随单位时间内电站机组流量变化值成正比增加。在最大调节流量$\Delta Q = 7200\text{m}^3/\text{s}$时系缆力约为33kN,即日调节方案中,靠船墩处的船队系缆力不超标。2min关闭电站机组条件下,靠船墩处船队纵向系缆力与调节流量的关系为:

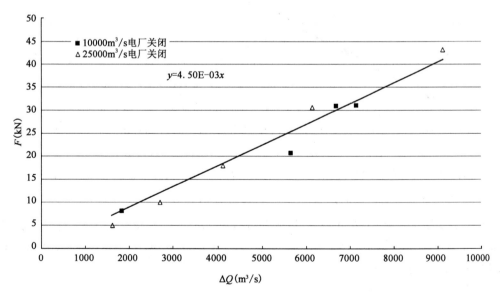

图5.6-12 靠船墩处9驳船队纵向力与调节流量的关系

$$F = 4.50 \times 10^{-3} \Delta Q \qquad (5.6\text{-}15)$$

5.7 电站机组甩负荷运行

电站运行过程中,有时会出现甩负荷现象,水轮机组在瞬间关闭,通过机组的流量瞬间减小,在上游形成正波。葛洲坝电站曾经出现甩负荷现象,坝前形成的涌浪有几十厘米,上游几公里内都发现了水体波动现象。甩负荷特点在于瞬间减小流量,从而使上游水流条件突然发生变化。研究中采取人工突然关闭闸门的办法模拟电站机组甩负荷,关门时间约5s。

5.7.1 波高试验结果

1)主河道的波高

图5.7-1为起始流量10000m³/s,电站甩负荷与电站2min正常关闭,太平溪水位测点波高与调节流量的关系。研究中发现机组闸门前水域在瞬间关闭闸门时,有一定程度的波动并向上传播,与2min关闭电站机组表现基本一致。两种情况的波高很接近。日调节最大调节流量为7200m³/s,波高本身只有约0.6m,因此电站甩负荷不会引起河道波高大幅度增加。

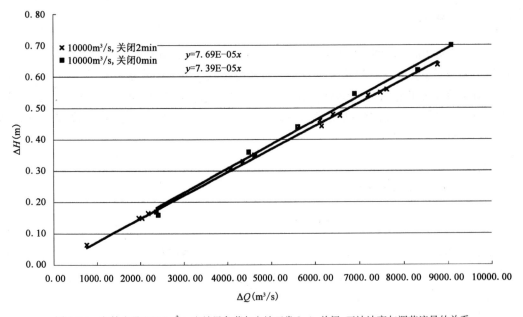

图5.7-1 起始流量10000m³/s电站甩负荷与电站正常2min关闭,正波波高与调节流量的关系

2)船闸与升船机上闸首前的波高

图5.7-2为起始流量10000m³/s,电站甩负荷,在船闸与升船机闸首前的波高与调节流量的关系,与2min关闭电站机组的结果基本一致。因为电站甩负荷,正波虽然形成时间短,波高仍受调节流量的控制,与关闭时间关系不大。

3)大坝与口门区的波高

图5.7-3为起始流量10000m³/s,电站甩负荷,在大坝与口门区各点的波高与调节流量的关系。与2min关闭电站机组的结果基本一致,电站甩负荷没有引起大坝与口门区的波

高值的增加。

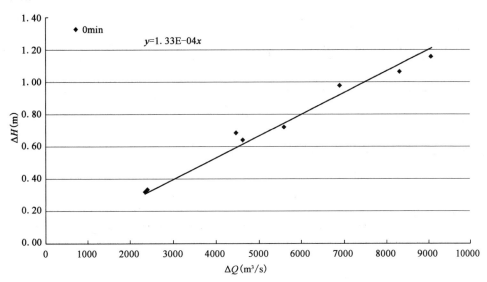

图 5.7-2　起始流量 10000m³/s,电站甩负荷船闸、升船机波高与调节流量的关系

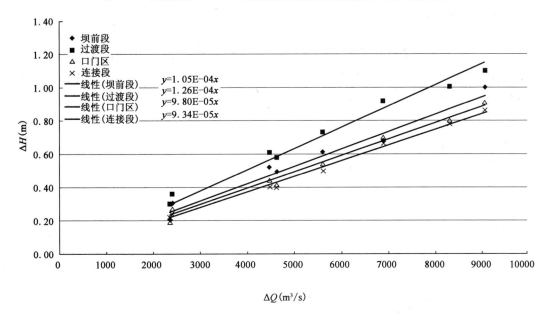

图 5.7-3　起始流量 10000m³/s 电站甩负荷,大坝、口门区各点波高与调节流量的关系

5.7.2　流速试验结果

图 5.7-4 为起始流量 20000m³/s,电站机组甩负荷在口门 A 点处流速与电站调节流量的关系。由图可见,流速与电站调节流量成正比。与图 5.7-3 相比较,电站甩负荷引起的口门流速变化和电站机组 2min 关闭条件下的流速基本相同。因此,甩负荷对流速的影响不明显。

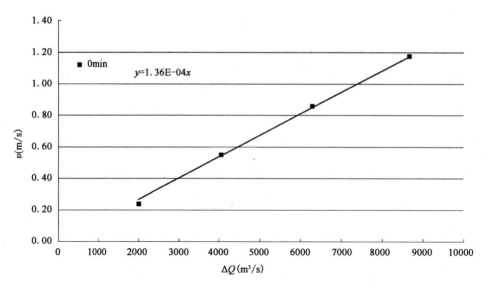

图 5.7-4   电站甩负荷口门区 A 点流速与调节流量的关系

5.7.3   水面比降试验结果

图 5.7-5 为起始流量 20000m³/s，电站甩负荷时靠船墩、引航道和过渡段的比降。与 2min 关闭电站机组的比降［式（5.6-12）］比较，发现比降明显增大，但结果表明，电站甩负荷流量 ≤7200m³/s 时，靠船墩处比降不会超标，而过渡段的比降已接近限值。

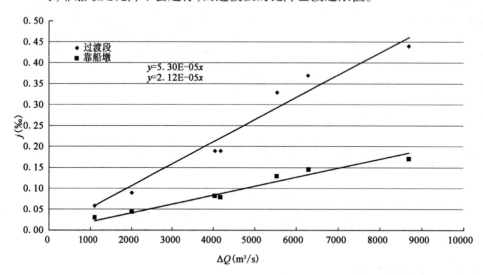

图 5.7-5   起始流量 20000m³/s，电站甩负荷靠船墩、过渡段的比降与调节流量的关系

电站甩负荷，比降与调节流量的关系为：

靠船墩
$$j = 2.12 \times 10^{-5} \Delta Q \tag{5.7-1}$$

过渡段
$$j = 5.30 \times 10^{-5} \Delta Q \tag{5.7-2}$$

5.8　电站机组延时关闭运行

电站机组 2min 关闭,在日调节方案条件下,口门区的横流与船闸前的波高超标,而靠船墩比降与系缆力均满足要求。由于延时以后比降会更小,可以不对比降和系缆力进行研究,仅观察电站机组延时关闭的正波波高与流速即可。

5.8.1　波高试验结果

1)主河道的波高

电站机组不同关闭时间,太平溪正波波高与调节流量的关系见图 5.8-1。起始流量为 10000m³/s,机组闸门关闭时间最小为 0min,最大为 6min。电站机组关闭时间延长,太平溪测点正波波高变化不明显,波高与调节流量的关系与电站机组 2min 关闭的成果相同。

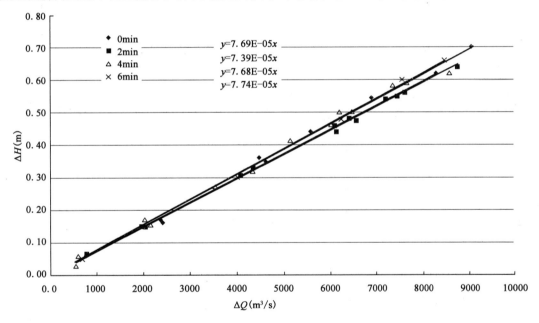

图 5.8-1　电站机组不同关闭时间,太平溪测点正波波高与调节流量的关系

2)船闸与升船机上闸首前的波高

在起始流量 10000m³/s 条件下,进行 0 ~ 6min 关闭电站机组研究。船闸与升船机前的波高与调节流量的关系见图 5.8-2。波高与电站调节流量有关,而与电站机组关闭时间长短关系不大。波高仍可用式(5.6-2)估算。

5.8.2　流速试验结果

图 5.8-3 是起始流量 10000m³/s 条件下,电站机组 2 ~ 4min 关闭,引航道过渡段中心线的流速,测点位置在 A 点下游 300m。可见,2min 与 4min 的流速比较接近。延长机组关门时间对减小过渡段流速效果不明显。

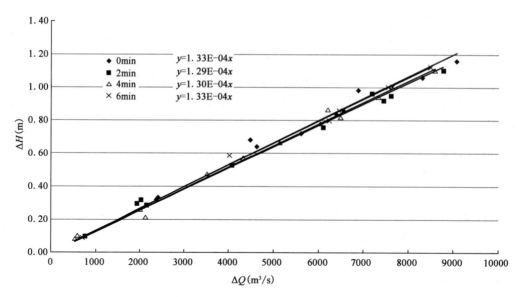

图 5.8-2　起始流量 $10000\mathrm{m}^3/\mathrm{s}$，不同关闭时间条件下，船闸前波高与调节流量的关系

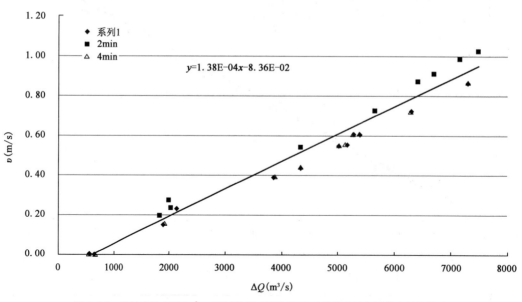

图 5.8-3　起始流量 $10000\mathrm{m}^3/\mathrm{s}$，不同关闭时间条件下，过渡段流速与调节流量的关系

5.9　电站机组错时关闭运行

5.9.1　波高试验结果

1) 主河道的波高

图 5.9-1 为电站机组错开 12min 关闭的情况。电站机组分两次关闭，总调节流量 $6761\mathrm{m}^3/\mathrm{s}$。第一次以 2min 时间关闭一半电站机组，流量减小约为总调节流量的 $1/2$，12min 后

再以 2min 的时间关闭另一半机组。由于关闭电站机组形成正波，错开关闭使河道形成两个水位升高的变化。正波叠加的规律与错时开启一致。表 5.9-1 为起始流量 25000m³/s，电站两次关闭闸门，每次关闭调节流量的 1/2，时间间隔 12min 的研究结果。

电站机组错时关闭与同时关闭的比较　　　　　　　　　　表 5.9-1

$Q(\text{m}^3/\text{s})$	$\Delta Q_1 + \Delta Q_2(\text{m}^3/\text{s})$	$\Delta H_1(\text{m})$	$\Delta H_2(\text{m})$
25000	2934	0.22	0.22
25000	6761	0.49	0.50
25000	3313	0.26	0.25

ΔH_1 为错时关闭实测太平溪处水位升高，ΔH_2 为用式(5.6-1)计算同时关闭的水位升高值。由数据表明，错时关闭机组对降低河道上的正波波高的作用不大。

2）船闸与升船机上闸首前的波高

由图 5.9-1 可见，电站错时关闭在船闸前(7#测点)形成的水位升高由不太明显的两个水位变化组成，与一次性关闭工况的水位时间过程线的形状、水位变幅都比较接近。起始流量 25000m³/s，电站错时 12min 关闭，总变化流量 6100m³/s，在船闸闸前形成了 0.64m 的波高，比一次性关闭时的波高(约 0.79m)小，说明错时关闭能减少波动。

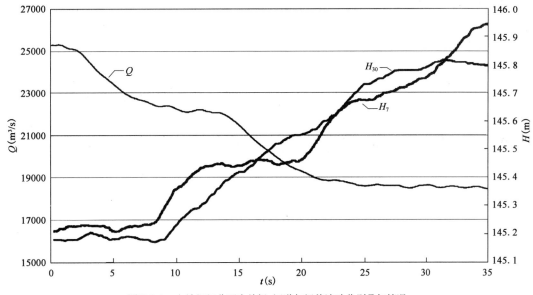

图 5.9-1　电站机组分两次关闭，河道与闸前波动分别叠加情况

5.9.2　流速试验结果

电站机组错时关闭对口门区流速的影响与错时开启的原理是一致的。都是基于口门区流速的周期性，在错开一定时间间隔以后两次关闭产生的流速不再叠加，或叠加以后不超过每一次的峰值。在起始流量 10000m³/s，电站机组分两次关闭，每次关闭 1/2 变化流量，时间间隔 12min，总流量减小 6761m³/s，口门区各点流速结果见表 5.9-2。表中 v_1 是错时关闭的实测流速值，v_2 是同时关闭，按照式(5.6-10)的计算值。可见错开关闭较大幅度减小了口门区流速，

错开以后的流速约等于每次流速的峰值。根据错时关闭口门区的横流,参照 2min 关闭电站机组日调节口门区横流结果,可知,错时 12min 关闭机组,每次减小的流量小于 3500m³/s,则口门区向左的横向流速不会超标。

电站机组错时关闭流速与同时关闭波高的比较 表 5.9-2

A 点流速		口门区横流		过渡段流速	
v_1(m/s)	v_2(m/s)	v_{x1}(m/s)	v_{x2}(m/s)	v_1(m/s)	v_2(m/s)
0.39	0.92	0.29	0.58	0.43	0.91

5.10 电站机组 2min 关闭和船闸灌水联合运行

5.10.1 波高试验结果

电站机组关闭在船闸前形成水位升高的波动,船闸灌水形成先降低后升高的波动。两个波动的周期基本一致。只要满足一定的相位差,两个波动可以产生叠加或叠减。图 5.10-1 是船闸灌水与电站机组关闭在船闸前形成的水位过程叠加示意图。

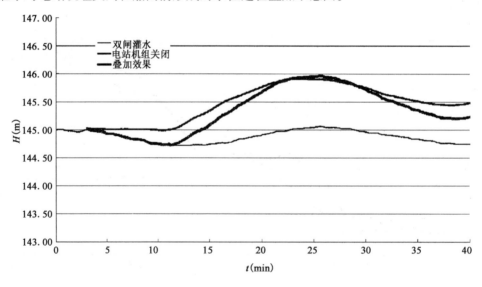

图 5.10-1 船闸灌水与电站机组关闭在船闸前形成的水位叠加

图 5.10-2 为起始流量 10000m³/s,电站机组关闭与双闸灌水条件下,船闸前正波波高与调节流量的关系。船闸先于电站机组关闭 3min 运行。由图可见,叠加以后的最大水位变幅约等于船闸灌水的波高(0.35m)加上电站机组关闭水位升高,出现了最不利的叠加结果,波高与调节流量的关系为:

$$\Delta H = 1.29 \times 10^{-4} \Delta Q + 0.347 \qquad (5.10\text{-}1)$$

当调节流量约 1500m³/s 时,船闸前波高超过 0.5m。

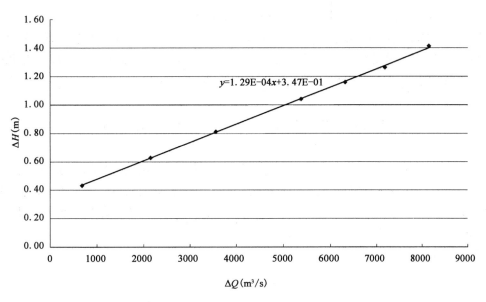

图 5.10-2 起始流量 $10000 \mathrm{m^3/s}$ 电站机组关闭与双闸灌水同时运转船闸前正波波高与调节流量的关系

5.10.2 流速试验结果

电站机组关闭与船闸灌水联合运行,在一定的时间间隔条件下,口门区流速会发生叠加。图 5.10-3 是起始流量 $10000 \mathrm{m^3/s}$,电站机组 2min 关闭与双闸灌水联合运行在口门 0m 断面中心(A 点)流速。试验时,船闸灌水约 3min 后关闭电站机组。可见,流速发生叠加。叠加后的 A 点流速:

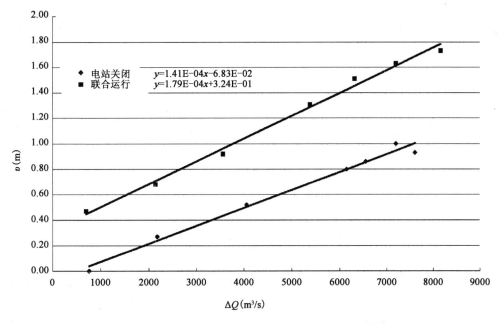

图 5.10-3 船闸双闸灌水与电站机组关闭在口门区的流速叠加

$$v = 1.79 \times 10^{-4} \Delta Q + 0.324 \qquad (5.10\text{-}2)$$

当电站增加2700m³/s流量,A点流速将达到0.8m/s。而口门区横流本来就是控制条件,与船闸灌水叠加后,会变得更大。考虑到行船安全,应避免在船闸灌水与电站机组关闭的时间段内在口门区过船。

5.11 电站机组不同位置开启运行

起始流量20000m³/s,分别瞬时开启电站左侧和右侧机组闸门,观测船闸前的波高,结果见图5.11-1。可见,开启左侧电站机组形成的波高与开启右侧电站机组差别不大,变化规律和前面的试验结果一致。原因是,电站进水口距离口门区较远,两侧电站机组分别开启,经过长距离的调整到达口门区时,其差别已经不明显。

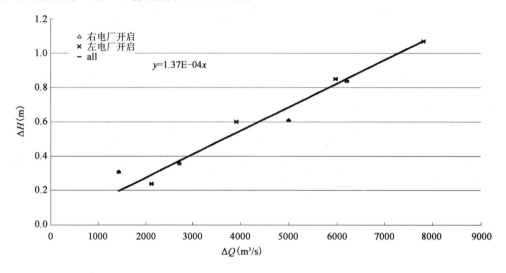

图5.11-1 开启左右电站机组对船闸前波动与调节流量的关系

研究波动沿河道和上游引航道纵向的变化规律。结果表明,平面上分散开启机组,对减小上游及船闸和升船机前波动的作用不大。但是考虑到坝前局部水流条件,建议还是尽量采用分散开启或分散关闭机组的运转措施,以免在坝前局部形成过大的波动。

对流速也进行了观测,发现开启左侧电站机组或右侧电站机组在口门区形成的流速区别不大。

5.12 口门区船模航行条件

电站日调节时引航道口门区外约100m范围横向流速增加最大,尤其是电站机组开启,横流向右侧的时候,是船队能否安全进出口门区的控制区域。故选择引航道口门区作为船模试验的重点研究区段。操纵船队在口门前100m出现最大横向流速这一时段内进出引航道口门,以观测横流对船队航行的影响。

5.12.1 船队出口门

在不同起始流量的日调节运转情况下,左岸上行航线主要是纵向流速的变化,而横向流速增加较小。各种水流条件下船模上水航行都比较顺利。即使在日调节方案的最大调节流量(7200m³/s),9驳船队也能够顺利通过口门区。航行漂角、操舵角均满足标准。

5.12.2 船队进口门

下行船队较难通过自堤头至以上200m范围。随着电站调节流量增加,船模下行通过该区段的操纵难度加大。起始流量大时,口门以远范围纵向流速略大,船队控制难度比小流量略有增加。电站调节流量约为2000～3000m³/s,才能保证9驳船队安全进入口门,超过这个调节流量,船队航行参数将超标,容易发生船撞堤头的危险。

图5.12-1是起始流量20000m³/s,电站机组2min开启,流量增加3000m³/s,9驳船队进入引航道的试验结果。主要问题是由于横流导致船队横漂,船队向堤头靠近,很容易撞到堤头,发生危险。

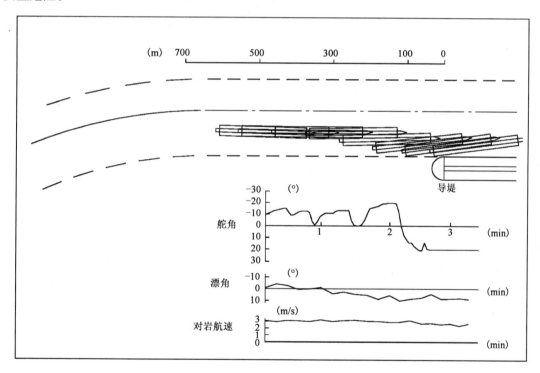

图5.12-1 驳船队进入引航道航态

试验中船队下行进入引航道,在口门外250m以远,无论起始流量10000m³/s还是20000m³/s,船队都能正常航行,最大漂角8.6°,最大舵角为左18°。只有当船队航行至堤头前约200m范围,电站日调节在此处的横流达到最大时,才会给船队操纵带来困难。由于口门区横流只是在电站日调节流量变化以后才会出现,时间持续约25min,所以工程上可以考虑等横流减小以后再于口门处过船。这样,可避开横流对航行的影响,减小日调节与航行的矛盾。

5.13 引航道范围内瞬时水面线和比降

在 2100m 长的上游引航道中,布置了 8 个水位测点,测点距船闸闸首分别为 50m、235m、530m、800m、1280m、1700m、2150m 和 2450m,$8^{\#}$ 测点在引航道口门外侧。测点布置见图 5.13-1。

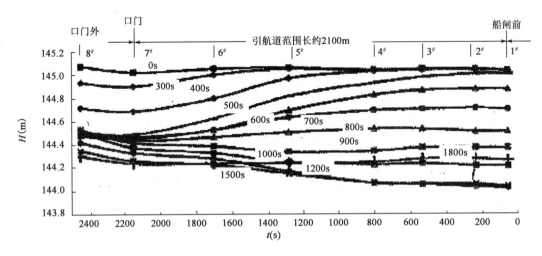

图 5.13-1 70 + 6 年淤积地形,机组增负荷(2min 开启),引航道内瞬时水面线的变化过程

根据电站机组运转方式,观测水位变化过程,作为分析日调节非恒定流在引航道的航行条件及波流运动要素(波周期、波幅及水面瞬时比降)的依据,对各组资料进行分析。

1)第 1 组资料(机组 2min 开启增负荷)

研究条件为上游水位 145.0m,大坝泄流量 10000m³/s,日调节流量 7494m³/s,电站机组运转方式为机组增负荷(2min 开启)。观测得到引航道瞬时水面线(图 5.13-1),及第 $1^{\#}$ 测点随时间的水位过程线(图 5.13-2)。从图看出,时间 t 为 0 ~ 500s,水体波动从口门进入引航道,当传递到船闸闸首处,此时水面呈负比降;t 为 800 ~ 1800s,受惯性影响,闸首处水面继续下降,此时水面呈正比降,向口门处传递。引航道水面传递过程中,各瞬时的最大水面比降与相应的位置见表 5.13-1。从表看出,时间为 400s,500s 和 600s 时,最大比降为 -0.19‰, -0.20‰和 -0.22‰,时间为 1000s,1200s 时,最大比降为 0.18‰和 0.20‰。可见在整个过程中,时间为 600s,最大比降为 -0.22‰,发生在 $5^{\#}$ ~ $6^{\#}$ 测点间。分析该比降对 1 + 9 × 1000t 船队所产生的比降力为 25.3kN,小于船舶停泊的允许系缆力 50kN,小于船队航行的有效推力 180kN,所以不会影响船队的停泊和航行安全。

两组资料发生最大瞬时比降的时间与位置   表 5.13-1

时间(s)	第一组资料		第二组资料	
	比降(‰)	发生位置(两测点间)	比降(‰)	发生位置(两测点间)
400	-0.19	$5^{\#}$ ~ $6^{\#}$	—	—
500	-0.20	$5^{\#}$ ~ $6^{\#}$	-0.48	$5^{\#}$ ~ $6^{\#}$

时间(s)	第一组资料		第二组资料	
	比降(‰)	发生位置(两测点间)	比降(‰)	发生位置(两测点间)
600	−0.22	5#~6#	−0.52	5#~6#
1000	+0.18	7#~8#	+0.33	5#~6#
1200	+0.20	4#~5#	+0.48	5#~6#

注:引航道靠船墩设置3#~4#测点间;其他位置与其他时间的比降均比表中要小。

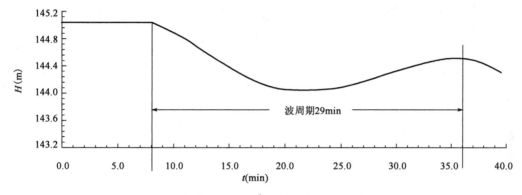

图5.13-2 离闸首50m,1#测点水位与时间过程线

该组资料各测点波周期为28~29.5min,图5.13-2是该运转组合中第1测点水面随时间的变化过程,波周期29.0min。水面高度的最大变率发生在运行7.5~17.5min时间段,平均约0.075m/min。也就是说,在10min内,船闸首处水面下降了0.75m。

2)第2组资料(机组2min开启增负荷与船闸灌水联合运行)

(1)研究条件为上游水位145.0m,大坝泄流流量10000m³/s,日调节流量6983m³/s,电站机组运转方式为机组增负荷(2min开启)与开闸灌水联合运行,电站机组先开,过725s后再开闸输水。输水时闸室水域面积C为10438m²,水位差为19.75m,阀门开启时间t_v为2min,输水时间t为16.9min,输水过程中最大瞬时流量单闸为280m³/s,双闸为560m³/s。在联合运行条件下观测了引航道内瞬时水面线(图5.13-3),及第1#测点随时间变化的水位过程线(图5.13-4),并分析计算各时间段的水面比降见表5.13-2。

(2)由允许系缆力反求船队允许水面比降。在进行水面线分析之前,针对三峡船闸过闸船队$1+1×3000t$,$1+6×1000t$,$1+9×1000t$船队在引航道靠船墩处系缆,系缆力主要是坡降阻力,忽略流速力。计算分两种情况,一是按船闸输水系统设计规范,对于千吨级船舶组成的船队,允许系缆力为32kN;二是按葛洲坝与三峡工程通航标准,船队允许系缆力为50kN,分别求得靠船墩处相应的允许比降(表5.13-2)。从表看出,允许的水面比降与船队的排水量有关。

(3)分析图5.13-3水面线的变化过程(各时间段的比降见表5.13-2)。总的变化趋势与图5.13-1基本一致,最大比降发生的位置与时间段没有太大改变,仅比降绝对值增大了,得到最大水面比降为0.524‰,它所产生的坡降阻力,当船队为$1+9×1000t$,总排水量为11740t,坡降阻力为60.35kN。

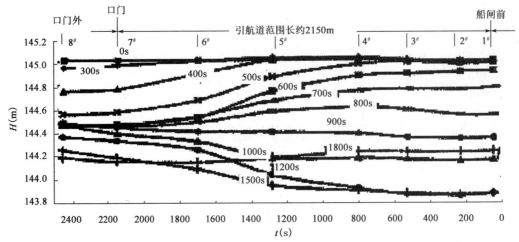

图 5.13-3　70+6 年淤积地形,船闸灌水与机组增负荷(2min 开启)引航道内瞬时水面线的变化过程

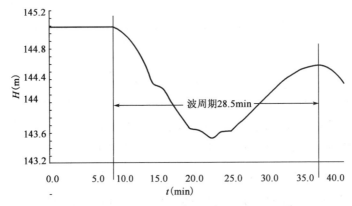

图 5.13-4　离闸首 50m,1# 测点水位与时间过程线

①该比降力对船队停泊的影响。在联合运行 0~30min 时段内,靠船墩处的最大比降 0.185‰,当船队为 1+9×1000t,总排水量 11740t,坡降阻力≥21.3kN,远小于 50kN。但是,当靠船墩的位置选择在 5#~6# 测点之间时,表中时间段的水面比降最大达 0.524‰。与表 5.13-2 的计算成果对照,当按规范千吨级允许系缆力 32kN 计算的允许比降衡量,船队系缆力 1+6×1000t 和 1+9×1000t 超标,当按三峡标准千吨级允许系缆力 50kN 计算的允许比降衡量,船队 1+9×1000t 系缆力超标。说明原来选择靠船墩位置是合适的。

不同船型的允许系缆力反求允许比降结果　　表 5.13-2

船 型	排水量(t)	按允许系缆力 32kN 求允许比降(‰)	按允许系缆力 50kN 求允许比降(‰)
1+3×1000t	4420	0.72	1.13
1+6×1000t	8080	0.40	0.62
1+9×1000t	11740	0.27	0.43

②该比降力对船队航行的影响。船舶(队)在引航道中航行,最大比降阻力为 63.37kN,当推轮为 1940kW 时,推轮的有效推力为 180kN。当船队航向与纵向比降相对时,完全能克服

比降阻力;当船队航向与纵向比降一致时,由于比降阻力占有效推力的比重小,它不会影响船队的操纵性能和舵效的发挥。

通过以上分析,在试验的边界条件、水位组合和电站机组运行方式条件下,只要引航道有效水深满足,电站日调节对引航道的航行条件和停泊条件影响不大。

需要强调的是,电站日调节非恒定流在引航道产生的往复波流运动,对通航条件的影响,主要是增负荷时造成引航道水面的下降。按规范要求,引航道有效水深 $h \geq 1.5T_c$(T_c 为船舶吃水),对于Ⅰ级航道,3000t 级船舶吃水深度为 3.5m,则有效水深 5.25m。当电站机组 2min 开启和机组延时开启时,水面下降 0.99m,当机组开启与双船闸灌水联合运行时水面下降 1.2m,则有效水深不足 5.25m,这是问题的关键。国内外在船闸工程运转实践中,当引航道处在最低通航水位时,一是由于船闸泄水非恒定流长波运动,造成引航道水位下降;二是船舶航行造成船体下沉;三是引航道河床局部淤高,会造成船舶搁浅擦底事故。所以,在确定引航道有效水深时应考虑这一因素,并应引起重视。

波要素分析得出,各测点的波周期与第1组资料相同,波周期在 28~29.5min 范围内,图 5.13-4 为第 2 组资料中第 1# 测点的水位随时间升降过程线,波周期为 28.5min。波周期水位的最大变化率(下降速度)发生在运行 8.5~18.5min 时间段,平均变率为 0.11m/min,也就是说在 10min 内,船闸闸首处水面下降了 1.1m。

在引航道内产生的长波运动,其水面瞬时比降既与电站机组运转方式有关,也与测点位置有关,在三峡特定条件下,水位 5#~6# 测点所处位置的瞬时水面比降最大。其中电站机组增负荷与船闸双灌联合运行是控制条件。

5.14　本　章　小　结

根据三峡电站日调节方案,汛期日调节通过三峡电站的流量大部分时间是稳定的,只是一天有几次增加和减少的过程。试验表明,上游引航道日调节水流条件与调节流量有直接关系,而与起始流量关系不大。因此日调节流量小的方案水流条件好。

根据试验,在日调节流量变化大于 4400m³/s 时,船闸与升船机闸首前的波高均超标。在日调节容量 1000 万 kW,起始流量 10000m³/s,调节流量最大为 7200m³/s,船闸与升船机闸首前的波动将近 1.0m,远超过限值。

根据试验,在日调节流量变化大于 4400m³/s 时,口门区 100m 断面右侧 90m 的横流均大于 0.3m/s,超过通航标准。在日调节容量 1000 万 kW,日均流量 10000m³/s,调节流量最大为 7200m³/s,口门区的最大横流约为 0.6~0.8m,远超过限值。

所有调节方案中,靠船墩的比降及系缆力均不超标,比降均小于 0.04%,纵向系缆力小于 50kN。

在 70+6 年淤积地形,起始流量小于 25000m³/s 的试验条件下,得到以下结论:

(1)开启电站机组在库区形成负波,关闭电站机组在库区形成正波。负波或正波波高随调节流量增加而增加,与起始流量及电站机组开关时间(不大于 6min)关系不大。船闸和升船机前面由于封闭渠道的反射作用,波高最大。电站在 2min 内同时开启或关闭,调节流量小于 3000~4000m³/s 时,在船闸和升船机闸首前的水位变幅可满足要求的 0.5m,否则将超标。

（2）负波使引航道内水体从口门流出，正波使水体流入引航道。最大横流发生在口门区100m断面右侧航线处，其值随调节流量增加而增加，与起始流量及电站机组开关时间（不大于6min）关系不大。口门区横流在电站调节流量约3000m³/s时接近0.3m/s，调节流量再大时，将超过0.3m/s的限值。

（3）电站机组延时（2～6min）开启或关闭，对减小船闸前的波高与口门区横流作用不大，但是可以使引航道内比降降低。

（4）靠船墩局部比降与日调节流量变化以及调节时间有关。日调节试验方案所有运行工况靠船墩比降均满足标准，9驳船队纵向系缆力不超标。

（5）船闸灌水与电站日调节联合运行，在不利组合条件下，引航道内水流条件会变差，应该避免不利组合运行工况。双闸灌水3min后关闭电站机组，使船闸前波高以及口门区流速增加，机组调节流量减小1500m³/s即可使船闸前波高达到0.5m。电站机组开启12min后双闸灌水，船闸前的波高也会增加。

（6）电站机组分批错开12min运行，可以有效地减小口门区横向流速，对减小船闸前的波高也有一定作用。

（7）平面上分散开启发电机组，对减小船闸和升船机前的波高作用不大。

（8）船模上水航行（左侧航线）试验，9驳船队均可顺利航行。船模下水航行（右侧航线）试验，对应的最大允许调节流量为2000～3000m³/s。

第6章 50+4年淤积地形汛期日调节上游通航水流条件试验

在完成70+6年淤积地形以后,依托50+4年淤积地形条件开展了汛期日调节对上游通航水流条件影响的研究,试验内容与70+6年淤积地形基本相同。研究的主要目的是考察不同淤泥地形条件下汛期日调节通航水流条件的差别。

6.1 50+4年淤积地形条件下的通航水流条件

1) 口门区的流速

在流量25000m³/s条件下,观测了口门区流速,见表6.1-1。与70+6年相同流量比较,口门区流速有所减小,满足通航水流条件要求。

50+4年地形口门区流速表　　　　表6.1-1

距堤头	$H=145\text{m}, Q=25000\text{m}^3/\text{s}$																							
	左80m				左40m				航道中心线				右40m				右80m				右120m			
	v	α	v_y	v_x	v	α	v_y	v_x	v	α	v_y	v_x	v	α	v_y	v_x	v	α	v_y	v_x	v	α	v_y	v_x
0	0	0	0	0	0	0	0	0	0	0	0	0	0.1	3	0.1	0	0.11	5	0.11	0.01	0.6	0	0.16	0
100	0	0	0	0	0.16	−5	0.16	−0.01	0.16	0	0.16	0	0.16	0	0.16	0	0.19	−17	0.18	−0.05	0.22	−15	0.21	0.06
200	0	0	0	0	0	0	0	0	0.1	40	0.08	0.06	0.16	0	0.16	0	0.18	4	0.18	0.01	0.22	10	0.22	0.04
300	0.22	180	0.22	0	0.19	170	0.18	0.03	0.16	90	0	0.16	0.19	80	0.03	0.19	0.27	55	0.15	0.22	0.27	17	0.26	0.08
400	0.19	180	0.19	0	0.19	160	0.18	0.06	0.16	70	0.05	0.15	0.22	50	0.14	0.17	0.25	23	0.23	0.1	0.38	7	0.38	0.05
500	0.16	180	0.16	0	0.21	180	0.21	0	0.22	180	0.22	0	0.23	25	0.21	0.1	0.35	16	0.34	0.1	0.3	20	0.28	0.1
600	0.16	180	0.16	0	0.18	180	0.18	0	0.16		0.18	0.18	0.22	32	0.21	0.1	0.35	20	0.25	0.09	0.35	20	0.33	0.12

注:流速单位为m/s;横流向左为正,向右为负。

2) 引航道内往复流

在大坝不同下泄流量条件下,观测了引航道内往复流。试验结果表明:流量越小,往复流越小。在恒定流量 $Q=25000\text{m}^3/\text{s}$ 时,船闸以及升船机前的波动幅度均为0.12m,靠船墩处的波高比降也都很小,不影响正常的停泊和航行。恒定流量25000m³/s,船闸前往复流的波动过程见图6.1-1。从水位时间过程线看,船闸前有明显的周期性。引航道内的往复流波动周期约为 25 ～ 30min。

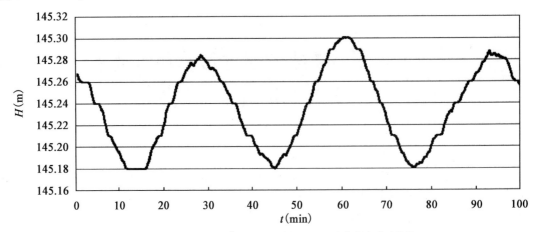

图 6.1-1　流量 25000m³/s,往复流在船闸上闸首水位波动过程线

3) 船闸灌水试验

在流量 5000 ～ 25000m³/s 条件下,进行船闸灌水试验,由于船闸水力特性曲线与 70 +6 年相同,引航道布置也与 70 +6 年试验一致,所以试验结果与 70 +6 年船闸灌水基本相同。

4) 小结

三峡工程运行至 50 +4 年,在汛期没有进行日调节的情况下,恒定流量小于 25000m³/s 时,口门区流速、引航道内往复流均满足通航标准要求。这个结果与 70 +6 年的情况是一致的。

双闸灌水引航道内最大波高约 0.4m,满足船闸运行要求,但超出了升船机误载水深要求。口门区流速、靠船墩处比降和系缆力均满足通航标准要求。

6.2　电站机组 2min 开启增负荷运行

本小节主要研究引航道水位波动的变化及口门区流速变化。

6.2.1　波高试验结果

在起始流量分别为 2800m³/s、5000m³/s、15000m³/s、20000m³/s 条件下,进行电站机组 2min 开启,调节流量在 800 ～ 8000m³/s 之间变化。船闸闸首前与太平溪的负波波高分别见图 6.2-1 和图 6.2-2。

各点波高随调节流量增加而增加,其斜率基本相同,不同起始流量对波高平均值影响不大。只是在流量大时,由于往复流的随机性叠加,使引航道内波高数据分散程度略有增加。而主河道上的太平溪测点数据分散程度明显小于引航道内。考虑到工程上应用方便,采用同一个表达式反映起始流量小于 20000m³/s 条件下,测点的波高与日调节流量的关系为:

船闸上闸首前　　　　　　　　$\Delta H = 1.02 \times 10^{-4} \Delta Q$　　　　　　　(6.2-1)

升船机上闸首前　　　　　　　$\Delta H = 1.01 \times 10^{-4} \Delta Q$　　　　　　　(6.2-2)

靠船墩附近　　　　　　　　　$\Delta H = 9.87 \times 10^{-5} \Delta Q$　　　　　　　(6.2-3)

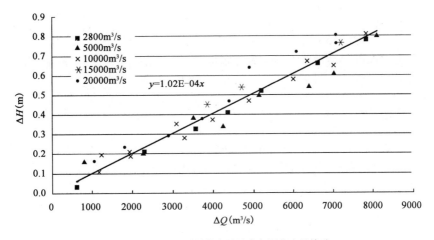

图 6.2-1　船闸闸首前的负波波高与调节流量关系

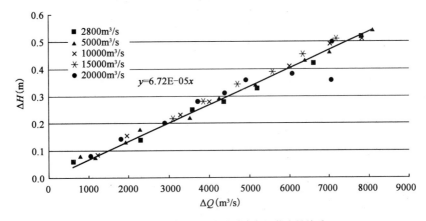

图 6.2-2　太平溪附近的负波波高与调节流量关系

口门 0m 断面 A 点	$\Delta H = 6.28 \times 10^{-5} \Delta Q$	(6.2-4)
太平溪附近	$\Delta H = 6.72 \times 10^{-5} \Delta Q$	(6.2-5)
大坝前面	$\Delta H = 7.99 \times 10^{-5} \Delta Q$	(6.2-6)

从 $H = f(\Delta Q)$ 的关系式看,船闸与升船机上闸首前的波动大小一致。引航道内的波高比引航道外、口门区、太平溪等处的波高大。根据以上公式,可以用电站机组增加的流量估算日调节过程中引航道内的负波波高。日调节方案对应的船闸和升船机闸首前的负波波高,见表 6.2-1,最大约 0.73m。

船闸和升船机闸首前的波高　　　　　　　　　　　　表 6.2-1

日调节容量 （万 kW）	日均流量 10000m³/s		日均流量 15000m³/s		日均流量 20000m³/s	
	$Q_2 - Q_1$	$\Delta H(\text{m})$	$Q_2 - Q_1$	$\Delta H(\text{m})$	$Q_2 - Q_1$	$\Delta H(\text{m})$
600	4400	0.45	4500	0.46	4600	0.47
800	5800	0.59	6000	0.61	4600	0.47
1000	7200	0.73	7000	0.71	4600	0.47

船闸引航道底高程为 $+139m$，调节前水位为 $+145m$，调节时最大负波波高约 $0.73m$，满足船队正常航行水深要求（$4.5m$），而升船机引航道底高程为 $+140m$，水深会降到 $4.3m$，基本满足航行水深要求。如以负波波高 $0.5m$ 为限制标准，在调节流量大于 $4900m^3/s$ 时引航道内波高超标。

6.2.2 流速试验结果

起始流量分别为 $2800m^3/s$、$5000m^3/s$、$10000m^3/s$、$15000m^3/s$、$20000m^3/s$，电站机组开启时间 $2min$，调节流量从 $800 \sim 8000m^3/s$。观测表明，水体进出引航道的流态与 $70+6$ 年基本一致，只是由于口门区左侧边滩地形低于 $145m$，地形开敞，横流强度比 $70+6$ 年小，但是出现横流的范围比 $70+6$ 年地形略大，最远约在口门 $400 \sim 500m$。出现最大横流的位置仍在 $100m$ 断面右侧航线附近。各测点位置以及最大流速时刻的流向如图 6.2-3 所示。图中起始流量不同对各点流速的影响不明显，主要原因是恒定流条件下，当过坝流量小于 $25000m^3/s$ 时，口门区流速很小。而流速是由电站流量增加引起的。流速与调节流量的关系为：

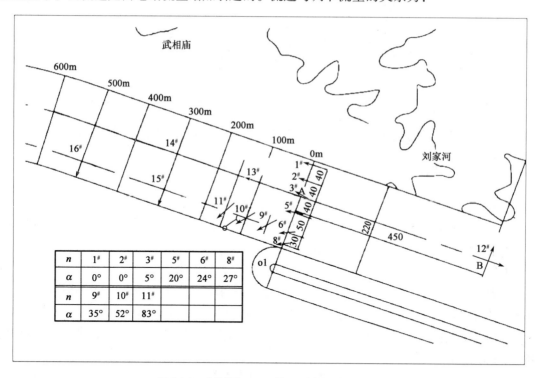

图 6.2-3　电站机组 2min 开门、口门处测点及流向

口门区过渡段 B 点	$v = 1.31 \times 10^{-4} \Delta Q$	(6.2-7)
口门区 0m 断面堤头处	$v = 1.78 \times 10^{-4} \Delta Q$	(6.2-8)
口门区 0m 断面 A 点	$v = 1.30 \times 10^{-4} \Delta Q$	(6.2-9)
100m 断面右侧 90m 处	$v = 1.13 \times 10^{-4} \Delta Q$	(6.2-10)

用式（6.2-10）估算口门区的最大横流还要乘以一个 $\sin 52°$，即：

$$v_x = 8.9 \times 10^{-5} \Delta Q \tag{6.2-11}$$

日调节方案口门区100m右侧的横流见表6.2-2。可见，2min开启电站机组，口门区横流均超标。为使横流小于0.3m/s，应使ΔQ小于3370m³/s。

日调节试验方案口门区的横流　　　　　　　　　表6.2-2

日调节容量 （万kW）	日均流量10000m³/s		日均流量15000m³/s		日均流量20000m³/s	
	Q_2-Q_1	v_x（m/s）	Q_2-Q_1	v_x（m/s）	Q_2-Q_1	v_x（m/s）
600	4400	0.39	4500	0.40	4600	0.41
800	5800	0.52	6000	0.53	4600	0.41
1000	7200	0.64	7000	0.62	4600	0.41

6.2.3　水面比降试验结果

起始流量分别为2800m³/s、5000m³/s、10000m³/s、15000m³/s、20000m³/s，电站机组2min开启，调节流量800~8000m³/s。根据两点之间的距离和水位差计算水面比降。比降随调节流量值增加而增加，与电站起始流量关系不明显。电站机组2min开启，比降与调节流量的关系为：

靠船墩　　　　　　　　　$j=-1.46\times10^{-5}\Delta Q$　　　　　　　　（6.2-12）

过渡段　　　　　　　　　$j=-3.53\times10^{-5}\Delta Q$　　　　　　　　（6.2-13）

太平溪　　　　　　　　　$j=1.26\times10^{-5}\Delta Q$　　　　　　　　（6.2-14）

在日调节方案最大调节流量7200m³/s时，引航道内的最大比降为0.25‰，满足通航标准要求。因此，引航道水面比降不是日调节的控制条件。

6.3　电站机组延时开启运行

日调节电站机组2min开启，对航行条件影响最大的是口门区的横流和船闸及升船机前的波动。因此进行延长电站机组开启时间，观测延时开启对波高及流速的影响。考虑到工程实际情况，最长采用6min开启机组。

6.3.1　波高试验结果

在起始流量10000m³/s条件下，进行0~6min开启电站机组试验。在该试验条件下，波高与电站机组开启时间基本无关。波高与调节流量的关系为：

船闸前波高　　　　　　　$\Delta H=1.03\times10^{-4}\Delta Q$　　　　　　　（6.3-1）

太平溪波高　　　　　　　$\Delta H=6.90\times10^{-5}\Delta Q$　　　　　　　（6.3-2）

从公式来看，船闸前、太平溪的波高与调节流量的关系，与电站机组2min开启试验基本一致。

6.3.2　流速试验结果

起始流量10000m³/s，电站机组开启时间0~6min，口门区的流速。口门区流速与调节流量成正比，流速与调节流量的关系与2min开启一致。流速与调节流量的关系为：

| 0m 断面导堤处 | $v = 1.78 \times 10^{-4} \Delta Q$ | (6.3-3) |

| 0m 断面 A 点处 | $v = 1.30 \times 10^{-4} \Delta Q$ | (6.3-4) |

| 100m 右侧 90m 处 | $v = 1.19 \times 10^{-4} \Delta Q$ | (6.3-5) |

6.3.3　水面比降试验结果

起始流量 $10000 \mathrm{m}^3/\mathrm{s}$，电站机组开启时间分别为 0、2、4、6(min)，比降变化最大发生在引航道进口过渡段。结果见图 6.3-1，可见，电站开启时间与比降成反比，时间短、比降大，反之则小。由于比降不是日调节控制条件，所以延长机组开启时间，对改善通航水流条件意义不大。

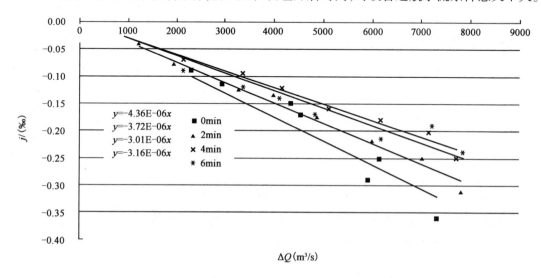

图 6.3-1　电站机组的开启时间 0～6min 引航道进口过渡段的比降

6.4　电站机组错时开启运行

在 2min 内开启一部分机组，增加 1/2 的流量，间隔一段时间，再用 2min 时间开启另一部分机组，增加另外的 1/2 流量。观测错时开启船闸前的波动及口门区的流速。

6.4.1　波高试验结果

在起始流量 $10000 \mathrm{m}^3/\mathrm{s}$ 条件下，进行错开时间 12min，波高与调节流量的关系为：

| 太平溪 | $\Delta H = 7.26 \times 10^{-5} \Delta Q$ | (6.4-1) |

| 船闸前 | $\Delta H = 8.93 \times 10^{-5} \Delta Q$ | (6.4-2) |

与 2min 开启机组的波高[式(6.2-5)、式(6.2-1)]比较，发现太平溪波高有所增加，由于水位缓慢下降，对行船影响不大。船闸前波高降低约 12%。之所以能降低船闸前波高，是由于减小了扰动强度，错时开启的 2 次波高有部分是叠减所致。

6.4.2　流速试验结果

在起始流量 $10000 \mathrm{m}^3/\mathrm{s}$ 条件下，分别进行了错开 12min 及 20min 的试验，观测口门区流

速,得到流速与调节流量的关系为:

　　错开 12min

　　0m 断面导堤处斜流　　　$v = 1.12 \times 10^{-4} \Delta Q$　　　　　(6.4-3)

　　0m 断面 A 点纵向流速　　$v_y = 7.3 \times 10^{-5} \Delta Q$　　　　　(6.4-4)

　　100m 断面右侧 90m 处斜流　$v = 7.7 \times 10^{-5} \Delta Q$　　　　(6.4-5)

　　100m 断面右侧 90m 处横流　$v_x = 6.1 \times 10^{-5} \Delta Q$　　　　(6.4-6)

　　错开 20min

　　0m 断面导堤处斜流　　　$v = 9.3 \times 10^{-5} \Delta Q$　　　　　(6.4-7)

　　0m 断面 A 点纵向流速　　$v_y = 6.7 \times 10^{-5} \Delta Q$　　　　　(6.4-8)

　　100m 断面右侧 90m 处斜流　$v = 5.3 \times 10^{-5} \Delta Q$　　　　(6.4-9)

　　100m 断面右侧 90m 处横流　$v_x = 4.2 \times 10^{-5} \Delta Q$　　　　(6.4-10)

电站机组错时开启大幅度降低了口门处流速。口门处横流[式(6.4-6)、式(6.4-10)]与未错开试验结果比较,错开 12min 降低约 32%,错开 20min,降低约 50%。因此实际运转时,适当加长错开时间,对降低口门处横流是有利的。

6.5　电站机组 2min 开启与船闸灌水联合运行

电站机组开启,水体流出引航道,船闸灌水,水从导堤处流入引航道。因此,两者在口门区的流动会部分抵消。而船闸前的波动则因两个波的相位差而产生增加或抵消的效果。

6.5.1　波高试验结果

起始流量 10000m³/s,电站与船闸同时开启及电站先于船闸 12min 开启;船闸为双闸运行,阀门开启时间 2min;电站机组开启时间 2min;波高与调节流量的关系为:

　　电站先于船闸 12min 开启　$\Delta H = 1.11 \times 10^{-4} \Delta Q + 0.123$　　　(6.5-1)

　　电站与船闸同时开启　　　$\Delta H = 6.65 \times 10^{-5} \Delta Q + 0.0752$　　(6.5-2)

与电站机组 2min 开启而船闸不灌水时的船闸前波高成果[式(6.2-1)]比较,可见错开 12min 对船闸前波高有增大作用,而同时开启则对船闸前波高有减小作用。主要原因是,不同错开时间,两个波动会出现叠加或抵消现象。以调节流量 7200m³/s 计算船闸前波高,船闸与电站机组同时开启为 0.55m,错开 12min 为 0.92m,而船闸不灌水时为 0.73m。

6.5.2　流速试验结果

起始流量 10000m³/s,电站与船闸同时运行,口门区 0m 断面 A 点处的流速绝对值与调节流量的关系见图 6.5-1。电站先于船闸 12min 开启口门区 0m 断面中线流速绝对值见图 6.5-2。电站船闸同时开启,口门处流速在流量增加 7200m³/s 时约为 0.45m/s,比单独的电站开启(0.8m/s)小。而错开 12min 情况下,在流量增加 7000m³/s 时,流速(1.1m/s)比单独电站开启大。因此,在电站机组开启和船闸灌水联合运行时,宜同时进行,不宜错开。

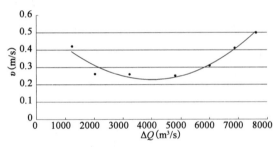

图 6.5-1　电站与船闸同时开启口门区 0m 断面中线
　　　　　流速绝对值

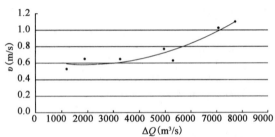

图 6.5-2　电站先于船闸 12min 开启，口门区 0m 断面
　　　　　中线流速

6.6　电站机组 2min 关闭减负荷运行

6.6.1　波高试验结果

在起始流量 10000m³/s、15000m³/s、20000m³/s、25000m³/s 四种情况下，分别进行电站机组 2min 关闭的非恒定流试验。大坝流量减小范围在 800 ~ 8000m³/s。试验中定点观测各关键点的水位时间过程，计算正波波高。船闸闸首前的正波波高与太平溪附近的正波波高与调节流量的关系见图 6.6-1 和图 6.6-2。

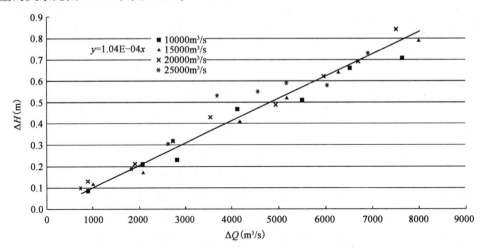

图 6.6-1　电站机组 2min 关闭，船闸前正波波高与调节流量的关系

根据试验结果，各点正波波高与电站机组减小的流量有关，而与调节前起始流量的关系不明显。引航道内各点波高数据分散程度略大于主河道上的测点。原因是引航道内存有往复流，波动会叠加及反射。

机组 2min 关闭，起始流量小于 25000m³/s 条件下，波高与调节流量的关系为：

口门区　　　　　　　　　　　　　$\Delta H = 5.66 \times 10^{-5} \Delta Q$　　　　　　　　　　(6.6-1)

船闸前　　　　　　　　　　　　　$\Delta H = 1.04 \times 10^{-4} \Delta Q$　　　　　　　　　　(6.6-2)

大坝前　　　　　　　　　　　　　$\Delta H = 7.51 \times 10^{-5} \Delta Q$　　　　　　　　　　(6.6-3)

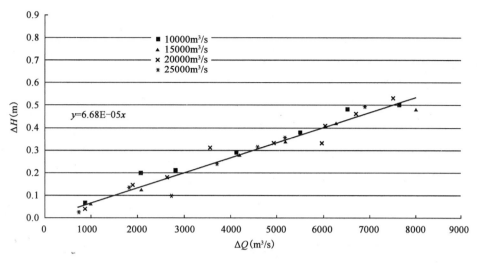

图 6.6-2　电站机组 2min 关闭，太平溪正波波高与调节流量的关系

靠船墩	$\Delta H = 1.01 \times 10^{-4} \Delta Q$	(6.6-4)
升船机前	$\Delta H = 1.01 \times 10^{-4} \Delta Q$	(6.6-5)
太平溪	$\Delta H = 6.68 \times 10^{-5} \Delta Q$	(6.6-6)

根据试验，船闸前正波波高最大。日调节 2min 关闭机组对应的各种工况波高见表 6.6-1。

日调节 2min 关闭机组船闸前波高　　　　　　　　　　　　　　表 6.6-1

日调节容量	日均流量 $10000\text{m}^3/\text{s}$		日均流量 $15000\text{m}^3/\text{s}$		日均流量 $20000\text{m}^3/\text{s}$	
（万 kW）	$Q_2 - Q_1$	$\Delta H(\text{m})$	$Q_2 - Q_1$	$\Delta H(\text{m})$	$Q_2 - Q_1$	$\Delta H(\text{m})$
600	-4400	0.46	-4500	0.47	-4600	0.48
800	-5800	0.60	-6000	0.62	-4600	0.48
1000	-7200	0.75	-7000	0.73	-4600	0.48

日调节流量减小约 $4800\text{m}^3/\text{s}$ 时，船闸前波高超过 0.5m 的限值。日调节方案中，600 万 kW 方案，$\Delta Q = 4400\text{m}^3/\text{s}$，船闸前波高满足标准；800 万 kW、1000 万 kW 方案，在日均流量 $10000\text{m}^3/\text{s}$、$15000\text{m}^3/\text{s}$ 两种情况下，$\Delta Q > 4800\text{m}^3/\text{s}$，波高超过 0.5m，不满足标准。

6.6.2　流速试验结果

电站机组关闭，上游水位升高，形成正波。大量水体涌入引航道，在口门区形成向左的横流，在过渡段形成向下游的纵流。由于横流向左，下行船队撞堤头的危险较小，但给口门区会船带来了难度。在起始流量 $10000\text{m}^3/\text{s}$、$15000\text{m}^3/\text{s}$、$20000\text{m}^3/\text{s}$、$25000\text{m}^3/\text{s}$ 条件下分别进行，调节流量约为 $800 \sim 8000\text{m}^3/\text{s}$。口门处流速测点布置与 2min 开启机组相同。各点流向如图 6.6-3 所示。

在起始流量小于等于 $25000\text{m}^3/\text{s}$ 条件下，口门处各点流速与调节流量的关系为：

过渡段	$v = 1.22 \times 10^{-4} \Delta Q$	(6.6-7)
0m 断面导堤处	$v = 1.81 \times 10^{-4} \Delta Q$	(6.6-8)
100m 断面右侧 90m 处	$v = 1.08 \times 10^{-4} \Delta Q$	(6.6-9)

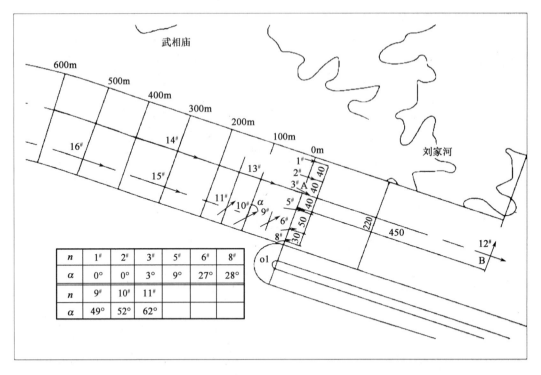

图 6.6-3　电站机组关闭口门处流速测点布置及流向示意图

0m 断面 A 点处 $$v = 1.12 \times 10^{-4} \Delta Q \qquad (6.6\text{-}10)$$

为计算口门 100m 处横流,对式(6.6-9)乘以 $\sin 52°$,得到横流与调节流量的关系为:

$$v_x = 8.51 \times 10^{-5} \Delta Q \qquad (6.6\text{-}11)$$

日调节 2min 关闭机组对应的口门区横流见表 6.6-2。由表可见,日调节试验方案中,在 2min 关闭机组条件下,所有工况口门区横向流速均超标,最大横流为 0.62m/s。为使横流不超过 0.3m/s,则调节流量应小于 3500m³/s。

日调节 2min 关闭机组口门区的横流 表 6.6-2

日调节容量	日均流量10000m³/s		日均流量15000m³/s		日均流量20000m³/s	
（万 kW）	$Q_2 - Q_1$	v_x(m/s)	$Q_2 - Q_1$	v_x(m/s)	$Q_2 - Q_1$	v_x(m/s)
600	−4400	0.37	−4500	0.38	−4600	0.39
800	−5800	0.49	−6000	0.51	−4600	0.39
1000	−7200	0.61	−7000	0.60	−4600	0.39

6.6.3　水面比降试验结果

电站机组关闭在上游形成正波。因此主河道上波前倾向上游,比降为负值。而引航道内由于正波是绕过堤头向船闸及升船机传播,所以波前水面倾向下游,比降为正值。在起始流量 10000m³/s、15000m³/s、20000m³/s、25000m³/s 条件下,流量减小值在 800～8000m³/s 之间。

比降变化与调节流量成正比,而与起始流量关系不大。比降与调节流量的关系为:

过渡段 $$j = 3.20 \times 10^{-5} \Delta Q \qquad (6.6\text{-}12)$$

靠船墩	$j = 1.78 \times 10^{-5} \Delta Q$	(6.6-13)
太平溪	$j = -1.36 \times 10^{-5} \Delta Q$	(6.6-14)

可见,过渡段比降最大,而靠船墩与太平溪均较小。当调节流量7200m³/s时,引航道内比降小于0.3‰,满足航行条件。

6.7 电站机组甩负荷运行

在起始流量10000m³/s、15000m³/s、20000m³/s、25000m³/s条件下,进行电站机组甩负荷试验,调节流量值约在2000~8000m³/s。采用突然关闭电站闸门来模拟甩负荷,关门时间约5s。

6.7.1 波高试验结果

电站甩负荷,观测船闸与太平溪测点波高。波高与调节流量成正比,与起始流量关系不大,波高与调节流量的关系为:

船闸前	$\Delta H = 1.05 \times 10^{-4} \Delta Q$	(6.7-1)
太平溪	$\Delta H = 7.0 \times 10^{-5} \Delta Q$	(6.7-2)

与电站机组2min关闭成果比较,最大差别只有4.6%,在误差范围之内,说明电站甩负荷对波高的影响与电站机组2min关闭是一致的。

6.7.2 流速试验结果

电站机组甩负荷试验,流速测点与方向同电站机组2min关闭一致。结果表明,各点流速随甩负荷减小的流量值变化而变化,而与起始流量关系甚微。流速与调节流量的关系为:

0m断面导堤处	$v = 1.83 \times 10^{-4} \Delta Q$	(6.7-3)
100m断面右侧90m处	$v = 1.09 \times 10^{-4} \Delta Q$	(6.7-4)
0m断面A点	$v = 1.17 \times 10^{-4} \Delta Q$	(6.7-5)
过渡段流速	$v = 1.26 \times 10^{-4} \Delta Q$	(6.7-6)

与电站机组2min关闭的试验结果比较,最大差别约为4%,所以电站机组甩负荷与2min关闭对口门区流速的影响一致,即口门区流速绝对值不会因为电站甩负荷而增大。

6.7.3 水面比降试验结果

起始流量20000m³/s的条件下,电站机组甩负荷时靠船墩等处比降的变化值与调节流量的关系为:

靠船墩	$j = 2.09 \times 10^{-5} \Delta Q$	(6.7-7)
过渡段	$j = 3.75 \times 10^{-5} \Delta Q$	(6.7-8)
太平溪	$j = -1.56 \times 10^{-5} \Delta Q$	(6.7-9)

与电站机组2min关闭结果比较,靠船墩水面比降增大17%,过渡段增大17%,太平溪增大15%。当调节流量7200m³/s时,最大比降小于0.30‰,不影响正常航行。

6.8 电站机组延时关闭运行

在起始流量20000m³/s条件下,进行0、2、4、6(min)关闭电站机组研究。

6.8.1 波高试验结果

电站机组不同关闭时间。正波波高随调节流量增加而增加,与电站关门时间关系不明显。波高与调节流量的关系为:

船闸前波高 $\quad\quad\quad\quad\quad\quad \Delta H = 1.03 \times 10^{-4} \Delta Q \quad\quad\quad\quad\quad\quad (6.8-1)$

太平溪波高 $\quad\quad\quad\quad\quad\quad \Delta H = 6.69 \times 10^{-5} \Delta Q \quad\quad\quad\quad\quad\quad (6.8-2)$

与电站机组2min关闭相近,即延时关闭(6min以内)机组,引航道及主河槽上的波高无明显变化。

6.8.2 流速试验结果

起始流量20000m³/s,电站机组不同关闭时间,研究口门区过渡段及100m右侧90m处的流速。随调节流量增加而增加,而与关闭时间长短关系不大。流速与调节流量的关系为:

过渡段流速 $\quad\quad\quad\quad\quad\quad v = 1.16 \times 10^{-4} \Delta Q \quad\quad\quad\quad\quad\quad (6.8-3)$

100m断面右侧90m处 $\quad\quad\quad\quad v = 9.97 \times 10^{-5} \Delta Q \quad\quad\quad\quad\quad (6.8-4)$

与2min关闭电站机组成果比较,差别最大为7%。所以延时关闭(6min以内)机组,口门区的流速也无明显变化。

6.8.3 水面比降试验结果

起始流量20000m³/s,延时关闭机组,靠船墩与太平溪的水面比降如图6.8-1和图6.8-2所示。可见,靠船墩的水面比降随关闭时间延长,呈明显的减小趋势,太平溪的水面比降也随关门时间延长而减小。在日调节方案流量变化范围内,最大比降均满足通航标准。

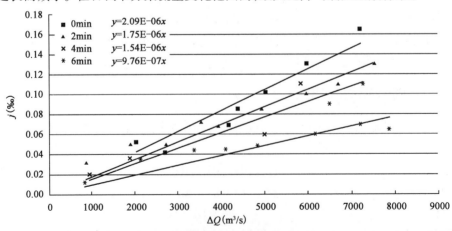

图6.8-1 电站机组不同关闭时间,靠船墩水面比降与调节流量的关系

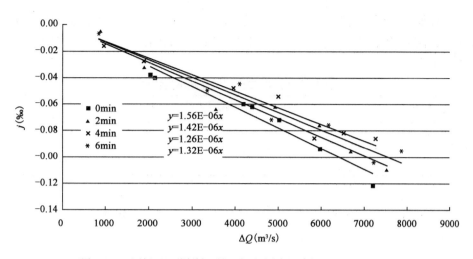

图 6.8-2 电站机组不同关闭时间,太平溪水面比降与调节流量的关系

6.9 电站机组错时关闭运行

在起始流量 20000m³/s 条件下进行电站机组错时关闭试验,研究错关对航行条件的影响。错关方法与错开类似,先在 2min 内关闭 1/2 流量,间隔一段时间再用 2min 关闭其余 1/2 流量。

6.9.1 波高试验结果

由电站机组错时 12min 关闭的波高与调节流量的关系为:

船闸前波高 $\Delta H = 8.10 \times 10^{-5} \Delta Q$ (6.9-1)

太平溪波高 $\Delta H = 7.00 \times 10^{-5} \Delta Q$ (6.9-2)

船闸前的波高比 2min 一次关闭降低 22%,太平溪波高则升高约 5%。因此,错时 12min 关闭对降低船闸前波高有一定作用,对降低主河槽波高意义不大。

6.9.2 流速试验结果

错时 12min 与 20min 关闭机组,口门区流速值与调节流量值仍呈线性关系。流速与调节流量的关系为:

错时 12min

100m 断面右 90m 处流速 $v = 7.29 \times 10^{-5} \Delta Q$ (6.9-3)

0m 断面 A 点处流速 $v = 6.92 \times 10^{-5} \Delta Q$ (6.9-4)

错时 20min

100m 断面右 90m 处流速 $v = 6.66 \times 10^{-5} \Delta Q$ (6.9-5)

0m 断面 A 点处流速 $v = 5.64 \times 10^{-5} \Delta Q$ (6.9-6)

与电站机组 2min 关闭的结果比较,流速减小的幅度见表 6.9-1。可见错时关闭电站机组可以大幅度降低口门区的流速。原因是口门区的流速是由水体流入引航道形成的,水体在引航道发生往复流动,很快衰减。只要两次关闭机组错开的时间足够长,两次关闭形成的口门区横流可以互不影响。

表 6.9-1

错时关闭机组,口门区流速减小的幅度

错 开 时 间	100m 断面右 90m 处	0m 断面 A 点处
12min	−33%	−38%
20min	−38%	−49.6%

6.10 电站机组 2min 关闭和船闸灌水联合运行

在起始流量 20000m³/s 条件下,进行双闸灌水与电站机组关闭联合运行试验。采用两种工况,船闸分别开启 1min、12min 后,电站机组 2min 关闭。研究船闸灌水非恒定流与电站机组关闭形成的正波之间的相互作用。

6.10.1 波高试验结果

船闸前的波高随调节流量增加而增加。两种工况波高与调节流量的关系为:
船闸先开 1min $\Delta H = 8.25 \times 10^{-5} \Delta Q + 0.358$ (6.10-1)
船闸先开 12min $\Delta H = 7.68 \times 10^{-5} \Delta Q + 0.316$ (6.10-2)
两种情况均比双闸灌水或 2min 关闭电站机组单独运行的波动大。以 0.5m 波高为限制条件,两种工况对应的调节流量分别为 1720m³/s 和 2390m³/s。日调节方案最小的调节流量为 4400m³/s,对应的两种工况的波高分别为 0.72m 和 0.65m,所有调节情况都超过 0.5m 的限值。因此宜避免在同一时段内船闸灌水和关闭电站机组。

6.10.2 流速试验结果

两种组合运转的口门区流速值与调节流量基本为线性关系:
船闸先开 12min
100m 断面右侧 90m 处 $v = 5.88 \times 10^{-5} \Delta Q + 0.44$ (6.10-3)
0m 断面 A 点处 $v = 4.49 \times 10^{-5} \Delta Q + 0.474$ (6.10-4)
船闸先开 1min
100m 断面右侧 90m 处 $v = 8.09 \times 10^{-5} \Delta Q + 0.457$ (6.10-5)
0m 断面 A 点处 $v = 8.76 \times 10^{-5} \Delta Q + 0.523$ (6.10-6)
可见,灌水形成的流速与关闭电站形成的流速发生叠加,而船闸先开 1min 的工况,直线斜率大,说明叠加得更大。口门区 100m 断面右侧 90m 处横流计算公式如下:
船闸先开 12min $v_x = (5.88 \times 10^{-5} \Delta Q + 0.44) \times \sin\alpha$ (6.10-7)
船闸先开 1min $v_x = (8.09 \times 10^{-5} \Delta Q + 0.457) \times \sin\alpha$ (6.10-8)
式中,α 为流向与航线的夹角。

随着调节流量不同,斜流与航线交角不同,调节流量较大时,α 取52°角,但在调节流量小时,夹角变小,为7°。由于斜流是实际存在的,所以口门区横流很容易超标。取 $\alpha = 52°$,计算调节流量4400m³/s,100m断面右侧90m处的横流,与2min关闭机组进行比较,见表6.10-1。

口门区流速比较(m/s)　　　　　　　　　　　表6.10-1

运 转 工 况	100m断面90m处		0m 中心纵流 v_y
	斜流 v	横流 v_x	
电站机组2min关闭	0.78	0.61	0.81
船闸先开1min	1.04	0.82	1.15
船闸先开12min	0.86	0.68	0.79

由于日调节方案在电站机组2min关闭时最小变化流量4400m³/s,口门区横流已经超标,所以当与船闸灌水叠加后,进一步加大了口门区横流。故应尽量避免联合运行工况。

6.11 导航隔流堤开口后船闸(升船机)闸首处波高

上游主河道的水位变化是由于流量变化引起的。引航道内也一样,但由于引航道端部封闭,内部波高又大于引航道外。为了寻求减小引航道内波动的措施,研究了导航隔流堤开口的日调节,目的是使引航道端部与主河槽连通,以降低引航道内波高。导航隔流堤开口的位置,在距坝轴线453m处开始,向堤头方向229m范围内做13个宽度1m、底高程142m的过流孔,孔间距18m。

在起始流量10000m³/s、20000m³/s条件下,研究了电站机组2min开启、关闭。测点波高仍然随调节流量增加而增加。波高与调节流量的关系为:

开口开门船闸前负波　　　　　$\Delta H = 8.85 \times 10^{-5} \Delta Q$ 　　　　　(6.11-1)

开口关门船闸前正波　　　　　$\Delta H = 8.41 \times 10^{-5} \Delta Q$ 　　　　　(6.11-2)

开口开门升船机负波　　　　　$\Delta H = 8.50 \times 10^{-5} \Delta Q$ 　　　　　(6.11-3)

开口关门升船机正波　　　　　$\Delta H = 8.68 \times 10^{-5} \Delta Q$ 　　　　　(6.11-4)

与电站机组2min开启与关闭的试验结果比较,波高幅值分别降低约13%~19%。可见,导堤开口有利于降低日调节过程中引航道内波高。

6.12 口门区船模航行条件

主河道及口门区300m范围内,日调节对航行的影响,主要是水位和流速变化。由于水位波幅、水面比降及流速均满足航行要求,所以在日调节时,主河道上一般不会出现碍航水流条件。但是在口门区导航堤堤头附近，由于水体进出引航道引起的横流超标，对船舶安全航行构成威胁。

1）船队出口门

日调节对航行的影响主要是纵向流速，导致船速变化，电站机组开启时航速快一些，电站机组关闭时，航速慢一些。电站机组开启及关闭在流量变化约 7200m³/s 时，9 驳船队均能以 2.5m/s 静水航速在左航线正常出口门。

2）船队进口门

电站机组开启，船队在 0~100m 断面主要受右向横流作用。起始流量 20000m³/s 时，由于口门区处连接段流速略大，调节流量大于 3000m³/s，船舶进口门有困难。起始流量 10000m³/s，调节流量约 4500m³/s 时，船队进口门困难。主要是船队在横向水流作用下向右偏航，易撞上导堤。

机组关闭的情况，约在调节流量4000m³/s 时，发生困难，此时船队易偏航，被水推向左航道，如果这时正好有船出口门就可能发生危险。

试验记录的船队航态及操舵过程见图 6.12-1 和图 6.12-2。

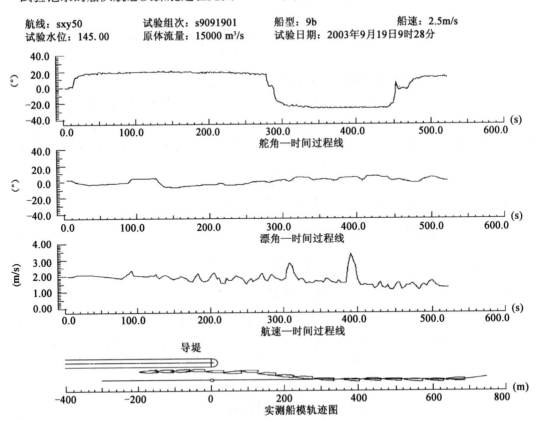

图 6.12-1　9 驳船队从右航线进入口门，电站机组开启

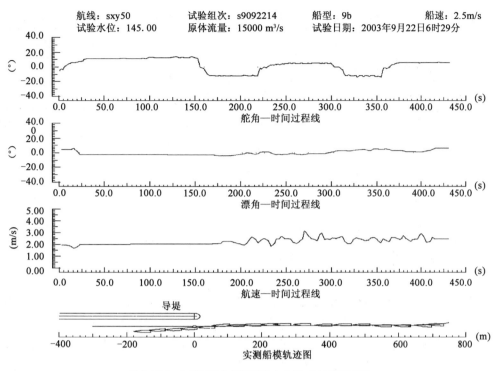

航线：sxy50　　　　试验组次：s9092214　　　　船型：9b　　　　　　船速：2.5m/s
试验水位：145.00　　原体流量：15000 m³/s　　　　试验日期：2003年9月22日6时29分

图 6.12-2　9 驳船对从右航线进入口门，电站机组关闭

6.13　70+6 年和 50+4 年的汛期日调节主要试验成果比较

6.13.1　主要试验成果比较

电站日调节上游最大波高发生在船闸前，上游最大横流出现在口门区 100m 断面右侧航线。电站机组开启，船闸前水位降低，口门区横流向右。电站机组关闭，船闸前水位升高，口门区横流向左。根据试验，70+6 年、50+4 年淤积地形条件下，电站日调节对上游通航水流条件的影响主要是船闸前的波高和口门区的横流超标。因此，对 70+6 年、50+4 年淤积地形，电站机组 2min 开启与关闭条件下，船闸前的波高和口门区的横流进行比较，分别见表 6.13-1 和表 6.13-2。表中，调节流量为正表示电机组开启，调节流量为负表示电机组关闭。

电站机组 **2min** 开启及关闭试验船闸前的波高（m）　　　　　　表 6.13-1

日调节容量	日均流量 10000m³/s			日均流量 15000m³/s			日均流量 20000m³/s		
（万 kW）	Q_2-Q_1	ΔH_{70+6}	ΔH_{50+4}	Q_2-Q_1	ΔH_{70+6}	ΔH_{50+4}	Q_2-Q_1	ΔH_{70+6}	ΔH_{50+4}
600	4400	0.60	0.45	4500	0.62	0.46	4600	0.63	0.47
	−4400	0.57	0.46	−4500	0.58	0.47	−4600	0.60	0.48
800	5800	0.79	0.59	6000	0.82	0.61	4600	0.63	0.47
	−5800	0.75	0.60	−6000	0.78	0.62	−1600	0.60	0.48
1000	7200	0.99	0.73	7000	0.96	0.71	4600	0.63	0.47
	−7200	0.94	0.75	−7000	0.91	0.73	−4600	0.60	0.48

电站机组 **2min** 开启及关闭试验口门区的横流（m/s）　　　表 6.13-2

日调节容量（万 kW）	日均流量 10000m³/s			日均流量 15000m³/s			日均流量 20000m³/s		
	$Q_2 - Q_1$	v_{x70+6}	v_{x50+4}	$Q_2 - Q_1$	v_{x70+6}	v_{x50+4}	$Q_2 - Q_1$	v_{x70+6}	v_{x50+4}
600	4400	0.45	0.39	4500	0.46	0.40	4600	0.47	0.41
	−4400	0.38	0.37	−4500	0.39	0.38	−4600	0.39	0.39
800	5800	0.59	0.52	6000	0.61	0.53	4600	0.47	0.41
	−5800	0.50	0.49	−6000	0.51	0.51	−1600	0.39	0.39
1000	7200	0.73	0.64	7000	0.71	0.62	4600	0.47	0.41
	−7200	0.62	0.61	−7000	0.60	0.60	−4600	0.39	0.39

试验结果表明：相同起始流量以及相同的调节流量条件下，70 + 6 年船闸前波高与口门区横流均大于 50 + 4 年的数值。日调节试验方案在最大调节流量 7200m³/s 时，70 + 6 年与 50 + 4 年淤积地形条件下，船闸前的波动和口门区右侧的横流均超标。在最小调节流量 4400m³/s 时，70 + 6 年淤积地形条件下，船闸前的波动和口门区右侧的横流均超标，50 + 4 年淤积地形条件下，口门区右侧的横流超标，而船闸前的波动高度处于临界状态。因此应继续对水库运用初期不同年份淤积地形汛期日调节通航水流条件进行研究。

6.13.2　两个淤积地形比较

根据试验，70 + 6 年汛期日调节通航水流条件比 50 + 4 年要差。因此，对 70 + 6 年和 50 + 4 年淤积地形进行比较，寻找导致水流条件不同的具体原因。三峡大坝建成后，坝前水位抬高，水面宽阔，坝区上游河势受边界条件制约。水库运用初期，水库特性较强，流速缓，各溪沟口和山嘴节点以下的缓流区产生回流。随着泥沙逐步淤积，溪沟作用消失，边滩发育，主流线左移，流速加大，通航水流条件逐步变差。

对 50 + 4 年与 70 + 6 年淤积地形断面在防洪下限水位 145m 的过流面积、水面宽度进行比较，见图 6.13-1。两个地形，库区泥沙淤积量接近（70 + 6 年略大），但是，其淤积断面形状不同。与 70 + 6 年地形比较，50 + 4 年地形断面形状大多数水深偏浅，水面较宽。而在坝前约 300m 范围内，70 + 6 年的地形比 50 + 4 年深。

祠堂包（距离大坝约 2400m）以上至太平溪范围内的过水断面面积 50 + 4 年略大。而坝上各断面 50 + 4 年的断面宽度均大于 70 + 6 年。图 6.13-2 是 70 + 6 年与 50 + 4 年淤积地形断面形状的比较。70 + 6 年地形右侧边滩已经超过了 145m 水位，而 50 + 4 年地形在 145m 高程以下。在水位 145m 条件下，50 + 4 年地形水面宽约 1800m，70 + 6 年水面宽约 800m，50 + 4 年水面比 70 + 6 年宽 1000m。

由于边滩出水程度不同，河道对水量的调蓄作用也不同，必然会对正波和负波波高产生不同影响。试验表明，日调节非恒定流水位变化是由于断面流量变化所至，而当调节流量一定，断面形状对水位变幅起主要作用，坝前局部地形对坝上各断面的波高影响甚小。这就是 70 + 6 年波高大的原因。

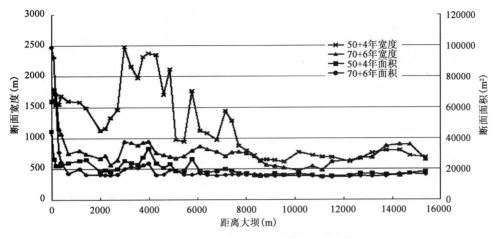

图6.13-1 50+4年与70+6年淤积地形比较

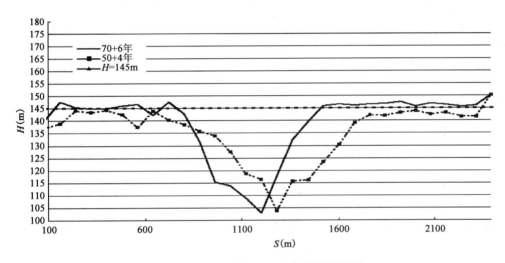

图6.13-2 70+6年与50+4年断面形状的比较

6.14 圣维南方程的应用

为研究24h日调节过程中引航道的通航水流条件,采用圣维南方程建立了三峡库区日调节通航水流条件一维数学模型,利用三峡枢纽淤积平衡地形日调节物理模型试验成果对数学模型进行验证。利用该模型预报了24h日调节水位流速变化过程,特别是揭示了水库运行初期日调节非恒定流对上游通航水流条件的影响。计算成果表明,24h日调节过程中,流量变化的时候,上游引航道通航水流条件最不利。随着泥沙淤积年份增加,汛期日调节通航水流条件逐渐变差。

6.14.1 计算条件

以三峡工程通航建筑物上游隔流导航堤全包设计方案为基础,根据三峡水库运转泥沙淤积特性,选择了初期、中期和淤积平衡以后的地形进行计算,共有4个地形,分别是0年、32

年、50＋4年、70＋6年。根据三峡电站日调节方案,调峰容量约1000万kW,日平均流量10000m³/s条件下三峡电站的流量变化见表6.14-1。表中时间单位是小时,计算中,流量变化是在2min中线性增加或减少。

日调节过程中三峡电站的流量变化   表6.14-1

时间(h)	1	6	7	8	9	11	12	18	19	22	23	24
流量(m³/s)	2800	2800	10000	10000	17200	17200	10000	10000	17200	17200	10000	2800

6.14.2 计算成果

先进行坝上水位145m、流量10000m³/s的恒定流计算,然后在恒定流基础上,按照日调节24h流量过程进行非恒定流计算。选择日调节过程曲线中的15:00作为开始计算时间。70＋6年地形条件下24h日调节过程中船闸前的水位及波动过程见图6.14-1,口门处平均流速见图6.14-2。三峡库区不同淤积地形条件下的日调节主要计算成果见表6.14-2。在70＋6年、50＋4年淤积地形日调节物理模型试验中,观测到的船闸前最大波高值分别为0.99m和0.75m,与计算值1.05m和0.69m比较接近,说明采用圣维南方程组的三峡库区一维日调节数学模型能够反映水位波动的基本情况,可以采用此数学模型进行三峡库区日调节水流条件初步研究。

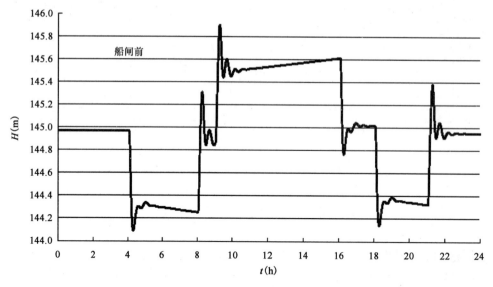

图6.14-1 70＋6年地形条件下日调节过程中船闸前的水位波动过程

70＋6年淤积地形,日调节过程中船闸前24h水位波动过程表明,每次流量变化都会在闸前形成一个波动,其幅度大于接下来的稳定水位的变幅。每次流量调节在闸前的最大水位变幅定义为波高。这种波动实际上是水位的迅速降低或升高,对船闸及升船机的影响需要进行进一步的论证。

口门区流速只是在电站调节流量的一段时间内出现,虽然数值超过1.0m/s,但是持续时间有限。工程上可以考虑安排船舶在流速较小的时间段进出口门区。由于流速过程的周期性,也可以考虑通过优化电站机组调度减小口门区流速。

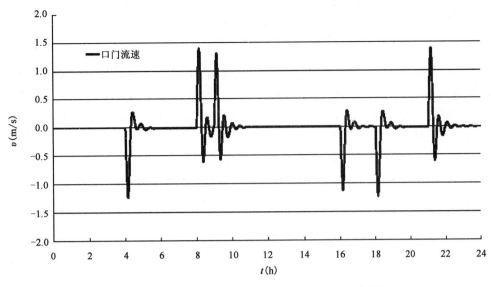

图6.14-2　70+6年地形条件下日调节过程中口门处平均流速

根据不同年份淤积地形汛期日调节通航水流条件计算成果(表6.14-2),随着淤积年份增加,通航水流条件逐渐变差。运转初期,库区为原始地形,没有淤积,船闸前在日调节的波高只有0.29m,不影响船闸的正常运转;口门处平均流速约0.3m/s,小于双闸灌水时在口门处的流速,对航行的影响很小。30+2年地形,水流条件基本处于临界状态。30+2年以后日调节对水流条件的影响逐渐加大。50+4年以后,船闸前波高大于0.69m,口门处平均流速大于0.83m/s,均超过三峡通航标准及船闸总体设计规范的要求。

三峡库区不同淤积地形条件下的日调节计算成果　　　　表6.14-2

淤积地形(年)	闸前最大波高(m)		总的水位变幅(m)		最大平均流速(m)
	计算值	试验值	坝前	闸前	口门0m断面
70+6	1.05	0.99	1.40	1.79	1.38
50+4	0.69	0.75	1.41	1.45	0.83
30+2	0.37	—	1.00	1.00	0.38
0	0.29	—	0.60	0.60	0.29

这里需要指出的是,日调节再加上船闸灌水的作用,引航道内水流条件会变得很复杂,今后,应对水库运转初期日调节与船闸灌水联合运行条件下引航道内的通航水流条件进行深入研究。

6.14.3　小结

(1)采用圣维南方程组的三峡库区一维日调节数学模型能够反映水位波动及断面平均流速,可以应用此数学模型进行三峡库区汛期日调节水流条件初步研究。

(2)不同年份淤积地形汛期日调节通航水流条件计算成果表明,随着淤积年份增加,通航水流条件逐渐变差。

(3)30+2年地形,水流条件基本处于临界状态。30+2年以后,汛期日调节对水流条件的影响逐渐加大。

6.15　本　章　小　结

在 50 + 4 年地形条件下,日调节方案引航道、口门区的水流条件比 70 + 6 年地形略好。利用圣维南方程组的计算也表明,随着淤积年份增加,通航水流条件逐渐变差。根据试验,600 万 kW 调节方案船闸前的正波和负波波高,均满足要求。800 万 kW、1000 万 kW 方案则只在日均流量 20000m³/s 方案,波高满足要求。在日调节容量 1000 万 kW,日均流量 10000m³/s,调节流量最大为 7200m³/s,船闸与升船机闸首前的波动将近 0.72m,超过限值。

根据试验,试验方案口门区 100m 处右侧航线的横流均大于 0.3m/s,超过通航标准。在日调节容量 1000 万 kW,起始流量 10000m³/s,调节流量最大,为 7200m³/s,而口门区的最大横流约为 0.4 ～ 0.6m,超过限值。

所有调节方案中,靠船墩的比降及 9 驳船队系缆力均不超标,比降均小于 0.04%,纵向系缆力小于 50kN。

在三峡工程运行 50 + 4 年,起始流量小于 25000m³/s 的试验条件下,得到以下结论:

(1)枢纽上游水位变幅随日调节流量变化而变化,与起始流量及电站闸门开关时间(不大于 6min)关系不大。船闸和升船机前由于封闭渠道的反射作用,波高最大。电站在 2min 内同时开启或关闭,调节流量小于 4900m³/s 时,在船闸和升船机闸首前的水位变幅可满足要求的 0.5m,否则将超标。

(2)最大横流发生在口门区 100m 断面右侧航线处,其值随日调节流量变化而变化,与起始流量及电站闸门开关时间(不大于 6min)关系不大。在电站调节流量 3400m³/s 左右时,口门区横流接近 0.3m/s,调节流量再大时,将超过 0.3m/s 的限值。

(3)电站机组延时(2 ～ 6min)开启或关闭,对减小船闸前的波高与口门区横流作用不大,但是可以使引航道内比降减小。

(4)靠船墩局部比降与调节流量以及调节时间有关,与起始流量关系不大。日调节试验方案所有运行工况靠船墩比降均满足标准,9 驳船队纵向系缆力不超标。

(5)双闸灌水与电站开启同时进行,对船闸前波高及口门区流速有减小作用。双闸灌水与电站关闭同时进行(试验为错开 1min),对船闸前波高及口门区流速有大幅度增加作用。电站关闭(调节流量 1700m³/s)与双闸灌水同时进行,船闸前波高即可达到 0.5m,口门区的横向流速也很容易超过 0.3m/s 的限值。

(6)电站机组分批错时运行可以有效地减小口门区横向流速。每次开启或关闭 2 台机组(约 2000m³/s),间隔一段时间(12min 以上,越长越好)后,再开启或关闭另 2 台机组,口门区横向流速可小于 0.3m/s 限值。

(7)导航堤开口有利于减小引航道内的波高。

(8)船模上水航行试验,9 驳船队均可顺利航行,日调节对航行的影响主要是纵向流速的影响,开启机组时航速加快,关闭机组时,航速减慢。船模下水航行试验,主要受横流影响,对应的允许调节流量是 3000 ～ 4500m³/s。

第7章　坝前原地形汛期日调节上游通航水流条件数值计算

7.1　电站应用流量恒定流的通航水流条件计算

1) 计算条件

根据水库运行 50 + 4 年和 70 + 6 年淤积地形汛期日调节物理模型试验研究成果,在电站起始流量 $Q = (5000 \sim 25000)\,\text{m}^3/\text{s}$,相应电站调节流量 $\Delta Q = \pm (4400 \sim 7200)\,\text{m}^3/\text{s}$ 的条件下,船闸和升船机闸首处的波动幅值与电站调节流量成正比例关系,基本不受河道流量的影响。

在水库初期地形条件下,水库水深远远大于 50 + 4 年和 70 + 6 年淤积地形条件。因此电站起始流量对引航道的波动影响会更小。但是,由于所有的研究均基于电站起始流量 15000 m^3/s 的情况进行,仍然有必要对起始流量 15000 m^3/s 的上游恒定流水流条件进行分析。

首先给定坝上水位 144.5m,模型进口流量 15000 m^3/s,运行数学模型至稳定。然后以稳定后的进口模型水位和大坝流量 15000 m^3/s 为初始条件,再运行数学模型至稳定,即得到恒定流量 15000 m^3/s 条件下上游各处水流条件。

2) 口门区的流速分布

坝上水位 144.5m,模型恒定流量 15000 m^3/s。由流速计算结果可知,上游引航道流速最大不超过 0.05m/s,口门区及连接段流速最大约为 0.10 ~ 0.15m/s,口门区右侧主河道流速最大约为 0.20m/s。数据表明,模型恒定流量 15000 m^3/s 的条件下,上游引航道及口门区和连接段的纵向和横向流速不会影响航行安全。这里流速为沿水深平均值,由于垂向平均流速绝对值很小,不可能影响船舶正常航行,故未对流速分层进行分析。

3) 引航道的水位波动与水面比降

坝上水位 144.5m,恒定流量 15000 m^3/s 条件下,上游引航道水位存在轻微的波动,船闸与升船机前波动幅度约为 3cm,对船舶航行及通航建筑物运转没有不利影响。波动的原因是引航道一端封闭以及局部地形不规则造成的。由于波动很小,水位波动引起的引航道内水面比降可以忽略不计。

4) 小结

计算表明坝上水位 144.5m,恒定流量 15000 m^3/s 条件下,上游引航道及口门区通航水流条件满足通航标准要求。

7.2　船闸灌水引航道水流条件计算

为研究船闸灌水引航道非恒定流运动规律,对单船闸灌水和双船闸同时灌水进行模拟计算,水位及流速测点布置详见图2.4-1和图2.4-2。船闸灌水引起的引航道水位波动是逐渐衰减的。双闸同时灌水相当于两个波动同相位叠加,是两船闸灌水所有组合当中的最不利情况。因此,可表示典型的上游引航道非恒定流运动规律。单闸灌水相当于双闸错开时间∞min,双闸同时灌水相当于错开时间为0min。计算结果于下。

1)引航道的水位波动

船闸灌水各测点水位波高值见表7.2-1。

船闸灌水有关测点水位波幅值(m) 表7.2-1

错开时间 (min)	升船机 m03	船闸 m06	靠船墩 m07、m08		规则断面处 m09、m10		引航道口门 m11	大坝前缘 m01
0	0.41	0.40	0.34	0.33	0.18	0.12	0.02	0.03
∞	0.22	0.22	0.19	0.18	0.10	0.07	0.02	0.03

单闸与双闸灌水引航道内外各测点水位波动过程见图7.2-1(河道测点波动甚小图略)。

引航道内最大水位波高发生在升船机与船闸闸首处,单闸灌水时约为0.22m,双闸灌水时约为0.41m。升船机与船闸闸首处的波动高度随时间增加逐渐衰减,双闸灌水,90min后,波高减小到约0.1m。引航道口门处波高很小,只有几公分,坝前及河道测点也有波动,波高较小可以忽略。单闸、双闸灌水在引航道内外的波动周期基本相同,约为19min。船闸灌水的波动传播到大坝前面m01测点,大约需要6min。船闸灌水波动计算值与原体观测值基本一致。

将单闸灌水、双闸同时灌水在升船机上闸首m03处波高值与单闸灌水波高值的2倍进行比较,见图7.2-2。由图可见,双闸灌水的波高基本上等于单闸灌水时的2倍,略微偏小。双闸灌水其实就是2个船闸同时灌水,由于两个波动的相位一致,船闸灌水的波动基本上是线性叠加的。根据这一特性可以使双线船闸不同闸次错开一段时间运行,使各自产生的波动相位相反、波动相互抵消,从而减小引航道内的波高。

2)引航道及口门区的流速

分析整理不同运转方式引航道与口门区各测点的纵横向流速随时间的变化过程见图7.2-3。图中流速的定义:y轴与航道中心线平行,指向下游,因此流量从河道进入引航道为正,流出为负;x轴与航线垂直,指向左岸,因此流速向左为正,向右为负。将图中各测点单独列于表7.2-2,从图和表可看出引航道与口门区流速的变化规律:

(1)流速与水位波动均为往复波流,随时间逐渐衰减,流速与波动均为同一周期,约为19min。

(2)双闸灌水与单闸灌水比较,流量叠加,各测点的流速也呈线性叠加。

(3)由于引航道断面沿程不规则,从进口至末端逐渐放宽,流速最大值发生在宽度最窄的过渡段。过渡段m10测点纵向流速达到0.43m/s,其他测点均较小。

(4)双闸灌水与单闸灌水,流量是2倍关系,导致波高、流速基本也呈2倍关系。因此,双闸灌水是控制条件。

(5)船闸灌水进入引航道的正向流速比出引航道的反向流速大,原因是,船闸灌水的水体通过引航道口门流入引航道以后又通过正向取水口进入闸室,而反向的流速则是由于波动形成,绝对值小得多。

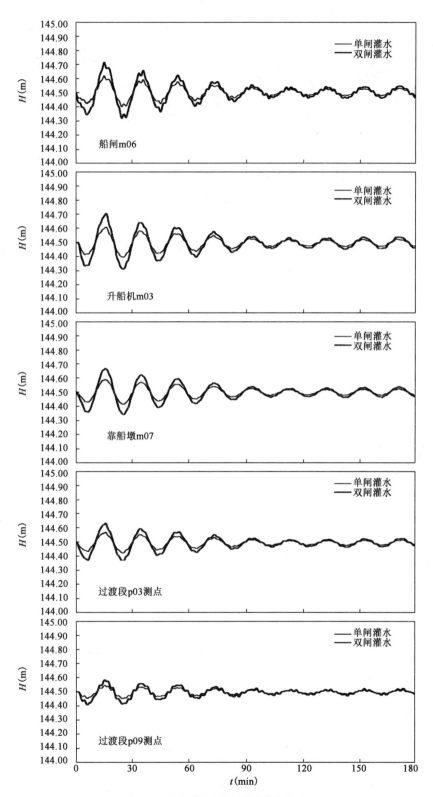

图 7.2-1 船闸灌水有关测点水位变化过程

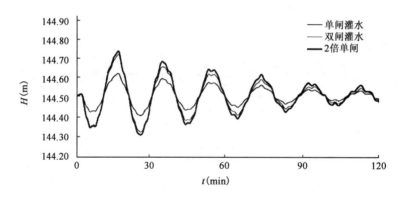

图 7.2-2　船闸灌水,升船机 m03 测点水位波动叠加过程示意图

计算引航道 $v_{ymax}=0.43$ m/s $<v_{y允许}=0.5\sim0.8$ m/s;口门区右侧附近 m12 点 $v_{xmax}=0.10$ m/s $<v_{x允许}=0.30$ m/s,满足通航水流条件要求。

船闸不同运转方式引航道进口过渡段 m10 的流速　　　　　　　表 7.2-2

船闸运转方式		单闸灌水	双闸同时灌水
	错开时间 $\triangle t$(min)	∞	0
v_{max}(m/s)	+	0.21	0.43
	发生 v_{max} 的时间(min)	11.3	11.3
	-	0.15	0.31
	发生 v_{max} 的时间(min)	21.4	21.4

3)引航道内的水面比降

靠船墩首末布置两个水位测点 m07、m08,测点相距 270m,相当于一倍船队长。

靠船墩首末布置 m07 和 m08 测点,过渡段处布置 m09 和 m10 测点,计算出两点之间的瞬时水位差,以同一时间两测点水位差值除以测点间距得到瞬时水面比降。水面倾向下游,比降为正,水面倾向上游,比降为负。

单闸与双闸同时灌水,靠船墩首末 m07~m08 水面正负比降的变化过程,见图 7.2-4。各运转方式的正负水面比降的最大值及设计船队的比降力见表 7.2-3。由于垂直于船身的横向比降远远小于纵比降,故未对横比降进行处理分析。

船闸不同运转方式靠船墩处的比降　　　　　　　　　　　　　表 7.2-3

情　况	船队长度范围内比降 j(‰)	比降力 R_i(kN)
单闸灌水	+0.029、-0.034	-3.4、+4.0
双闸同时灌水	+0.049、-0.055	-5.77、+6.52

从表看出:船闸单闸、双闸同时灌水,在靠船墩处形成首末测点水位差,比降分别为 0.029‰~0.055‰,所产生比降力分别为 3.4~6.52kN。船闸(单、双)灌水的比降甚小,则比降力也很小,为允许值 50kN 的 6.5%~13.0% 左右,可认为比降不是控制条件。

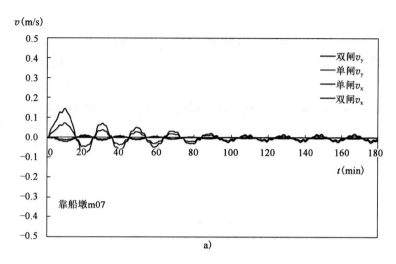

a)

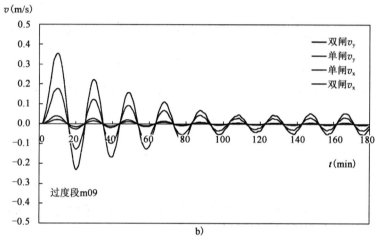

b)

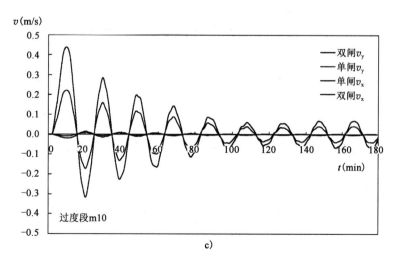

c)

图 7.2-3

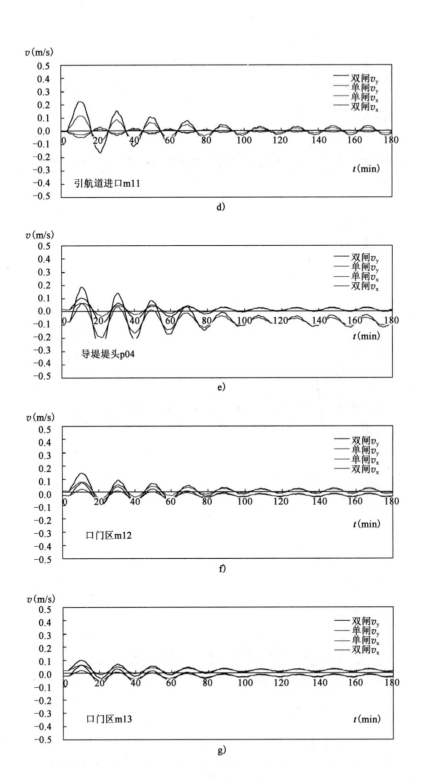

图 7.2-3　船闸灌水,有关测点的往复流

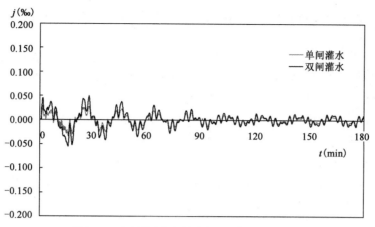

图 7.2-4　船闸灌水靠船墩处水面比降的变化过程

根据引航道进口过渡段处的水位波动,得到该处的正负水面比降的变化过程,见图 7.2-5。统计各运转方式的正负水面比降最大值,见表 7.2-4。由表看出:船闸单闸与双闸同时灌水,引航道进口过渡段处的比降最大约为 0.14‰。所产生的比降阻力最大为 17.06kN。

船闸同时灌水引航道进口过渡段处的比降及船舶阻力　　　　　表 7.2-4

情况	船队长度范围内比降 j(‰)	比降阻力($1.05w_i$)(kN)
双闸同时灌水	$+0.128$、-0.138	15.8、17.06

以控制船队($1+9\times1000t$)来分析,引航道规则断面处的航行条件。设航速 2m/s(一般引航道航速 1.3m/s),1000t 单船的水流阻力 9.11kN,则船队水流阻力 $R_v=9\times9.11+17$(推轮)$=98.99$kN。总阻力 $R_{max}=R_i+R_v=116.05$kN。而船队的推轮功率 1942kW,所产生的推力为 233kN,所以双闸同时灌水,不会影响正常航行。

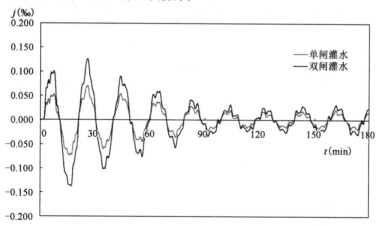

图 7.2-5　船闸灌水进口过渡段处水面比降的变化过程

由比降过程线可知,船闸灌水的比降变化周期与水位波动一致,靠船墩等处的比降值也是线性叠加的。

4)小结

船闸灌水在引航道内发生流量随时间变化的非恒定流,在引航道产生周期性的长波运动,水位升降幅度最大值发生在升船机和船闸闸首处,升降绝对值与输水最大瞬时流量、引航道尺度(宽度、长度、水深)、阀门开启时间等因素有关。

对于船闸引航道,总是一端封闭和一端开敞,在船闸灌水或泄水,存在涨水波(正波)和落水波(负波),遇到封闭的一端要反射和叠加,因此在船闸闸首处存在波的最大升高和降低,该处是波动的控制条件,该波经几个波周期后衰减。

船闸运转方式中,双闸同时灌水,在引航道中产生的水位波动、比降、流速比单闸与双闸错开灌水均大,是控制条件。由于引航道水深较大,船闸灌水在引航道中的流速及靠船墩处的比降均很小,不是控制条件。

由于升船机闸首处波高约为0.43m,较误载水深±5cm大许多,必然会影响升船机正常快速运转。因此,应采取必要措施,使升船机上闸首处的波高减小。

7.3 电站机组增负荷运行工况计算

1)计算条件

上游水位144.5m,电站应用流量15000m³/s,机组2min开启增负荷,调节流量分别为1000m³/s、2000m³/s、3000m³/s、4000m³/s、5000m³/s、6000m³/s、7000m³/s、8000m³/s。水位及流速测点布置详见图2.4-1和图2.4-2。

2)河道与引航道的水位波动

电站机组2min开启增负荷,上游大坝前缘m01、河道p07、p08测点;引航道内升船机闸首m03,船闸闸首m06,靠船墩首末端(相距270m)m07、m08,规则断面的m09、m10,引航道口门m11等测点的水位波动过程见图7.3-1。

由图可见,在电站增负荷时,大坝上游水位会随着时间的持续而逐渐降低。经统计得到升船机、船闸、靠船墩,引航道规则断面及引航道出口断面,大坝前缘及上游河道,各测点在180min的计算时段内最大水位降低值与调节流量有关数据见表7.3-1。

机组2min开启增负荷河道与引航道水位180min内最大降低　　　表7.3-1

ΔQ (m³/s)	ΔH_{max} (m)				
	升船机 m03	船闸 m06	靠船墩首末 m07、m08	规则断面处 m09、m10	大坝前缘河道 p07、p08
1000	−0.11	−0.11	−0.10	−0.10	−0.10
2000	−0.20	−0.19	−0.19	−0.19	−0.19
3000	−0.29	−0.29	−0.29	−0.29	−0.28
4000	−0.40	−0.40	−0.39	−0.38	−0.38
5000	−0.50	−0.50	−0.49	−0.48	−0.48
6000	−0.60	−0.59	−0.59	−0.59	−0.58
7000	—	—	—	—	—
8000	−0.80	−0.79	−0.78	−0.78	−0.78

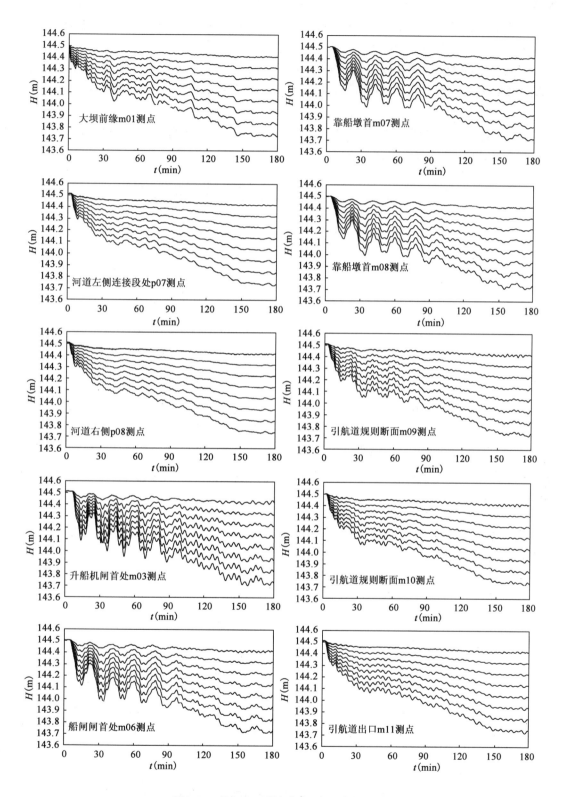

图7.3-1　机组2min增负荷典型测点水位波动图

从表看出,电站调节运转 180min 时段内,最大水位降低与调节流量有关,与测点位置的关系不大。升船机与船闸闸首处的下降值,基本相同。

以调节流量 ΔQ 为横坐标,以 180min 时段内最大水位降低为纵坐标,点绘为 $\Delta H_{\max} = f(\Delta Q)$ 的关系,(见图 7.3-2),得到最大水位降低 $\Delta H_{\max}$ 与调节流量 ΔQ 的关系即:

$$\Delta H_{\max} = -1.0 \times 10^{-4} \Delta Q \tag{7.3-1}$$

式中:$\Delta Q(\mathrm{m}^3/\mathrm{s})$ 为调节流量,$\Delta H_{\max}(\mathrm{m})$ 为对应的波高。从图 7.3-2 可看出:$\Delta H_{\max} \sim \Delta Q$ 成线性关系,随调节流量增加,水位降低加大。

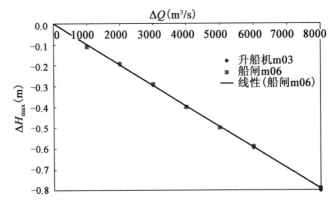

图 7.3-2　电站调节流量与水位最大降低关系曲线

图 7.3-2 说明在 180min 时段内最大水位降低的规律。实际应用时,不同时间段内的水位降低是不同的,可根据允许的水位降低要求,选择合适的调节流量。

引航道水位波动随调节流量增加而逐渐加大。引航道内测点水位波高值,升船机 m03 最大,引航道出口 m11 最小,排列顺序是,升船机 m03 > 船闸 m06 > 靠船墩 m07 ≈ m08 > 规则断面 m09 ≈ m10 > 引航道出口 m11。

在大坝附近则只是表现为水位的下降。只有引航道端部才表现出明显的波动性质。故仅统计各调节流量条件下,升船机与船闸闸首处最大水位波高 $\Delta H_{\max}$,见表 7.3-2。点绘 $\Delta H_{\max} = f(\Delta Q)$ 的关系,见图 7.3-3。

从图看出规律性很好,得到波高与调节流量的线性关系如下:

升船机 $\qquad\qquad\qquad \Delta H_{\max} = 0.53 \times 10^{-4} \Delta Q \tag{7.3-2}$

船闸 $\qquad\qquad\qquad\quad \Delta H_{\max} = 0.49 \times 10^{-4} \Delta Q \tag{7.3-3}$

式中,$\Delta Q(\mathrm{m}^3/\mathrm{s})$ 为调节流量,$\Delta H_{\max}(\mathrm{m})$ 为对应的波高。

机组增负荷不同调节流量引航道升船机与船闸最大水位波高(m)　　表 7.3-2

$\Delta Q(\mathrm{m}^3/\mathrm{s})$		1000	2000	3000	4000	5000	6000	7000	8000
$\Delta H_{\max}$	升船机	0.058	0.110	0.165	0.217	0.270	0.321	0.373	0.424
	船闸	0.054	0.101	0.151	0.199	0.248	0.296	0.343	0.390

3)引航道及口门区的流速

机组 2min 开启,流量增加 8000m³/s,各测点流速随时间的变化过程,见图 7.3-4。

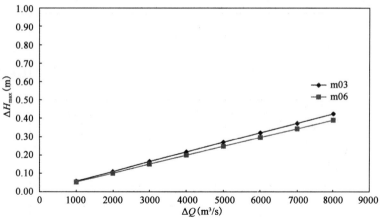

图7.3-3　机组增负荷升船机与船闸波高与调节流量的关系

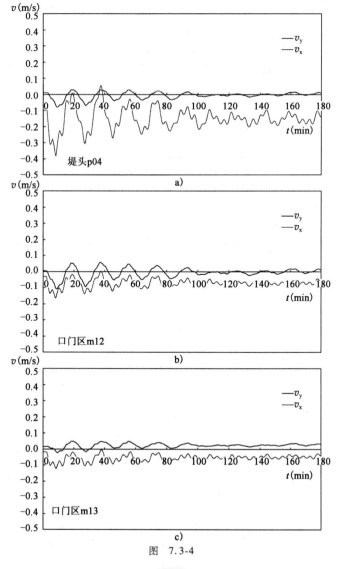

图　7.3-4

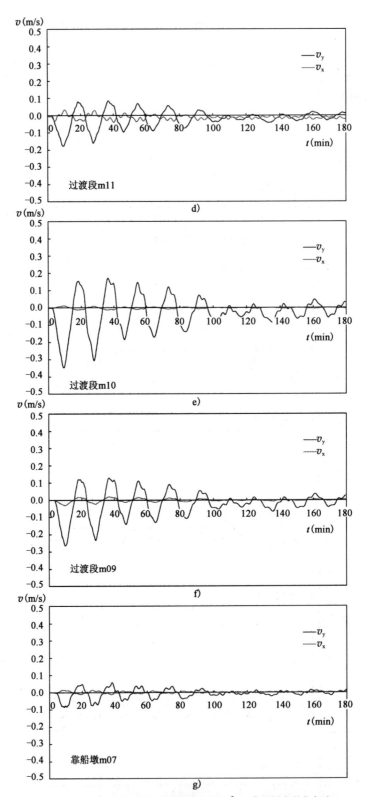

图 7.3-4　机组 2min 开启,流量增加 8000m³/s,典型测点的往复流

引航道水深约 14.5m，沿程断面不规则，从引航道口门至船闸或升船机宽度逐渐加宽，流速会逐渐变小。过流面积最小的引航道进口过渡段流速最大。从流速的绝对值来看，$\Delta Q = 8000\text{m}^3/\text{s}$，过渡段 m10 流速 $v_{y\max} = 0.38\text{m/s}$，绝对值不大。引航道与口门区不存在超标的流速。只在航道外侧的引航隔流堤堤头处出现大于 0.30m/s 的横向流速，该测点不在航道上，航行船只注意不要过分靠近堤头即可。往复流动的周期约为 19 min。

由于点 m10 横向流速较小，不会影响通航。不同流量纵向流速过程见图 7.3-5。将图中最大正向、反向（负）流速列表 7.3-3，点绘 $v = f(\Delta Q)$ 关系曲线，见图 7.3-6。

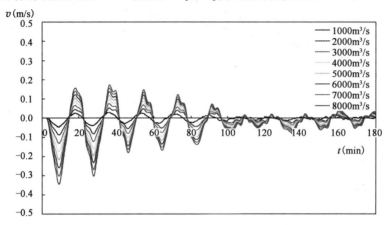

图 7.3-5　机组 2min 开启增负荷引航道进口过渡段 m10 流速过程

由图 7.3-6 得到机组 2min 开启增负荷，引航道进口过渡段最大流速与调节流量的关系如下：

流出时 $$v_{\max} = 4.2328 \times 10^{-5} \Delta Q \qquad (7.3\text{-}4)$$

流入时 $$v_{\max} = -1.4785 \times 10^{-9} \Delta Q^2 + 3.2633 \times 10^{-5} \Delta Q \qquad (7.3\text{-}5)$$

引航道进口过渡段流速与调节流量有关，最大值随 ΔQ 的增加而加大；在同一调节流量条件下，负流速比正流速大，表明引航道内水体总的是逐渐流出的。机组 2min 开启增负荷，流速较小不会对船队航行产生影响。

机组 2min 开启增负荷引航道进口过渡段流速最大值（m/s）　　　　表 7.3-3

ΔQ(m³/s)		1000	2000	3000	4000	5000	6000	7000	8000
流速	−	0.043	0.079	0.122	0.166	0.209	0.270	0.293	0.336
	+	0.023	0.063	0.086	0.104	0.126	0.146	0.156	0.165

流速定义：水流从河道流入引航道为正，流出为负。

4）引航道内的水面比降

靠船墩处水面比降变化反映日调节对停泊条件的影响。过渡段处水面比降由于地处引航道进口，过水断面积最小，可以反映日调节对船舶（队）航行的影响。

靠船墩首末布置 m07 和 m08 测点，过渡段处布置 m09 和 m10 测点，针对各级调节流量，计算出水位瞬时变化，以同一时间两测点水位差值除以测点间距得到瞬时水面比降。以机组 2min 开启增负荷调节流量 $\Delta Q = 8000\text{m}^3/\text{s}$ 为例，见图 7.3-7 和图 7.3-8。

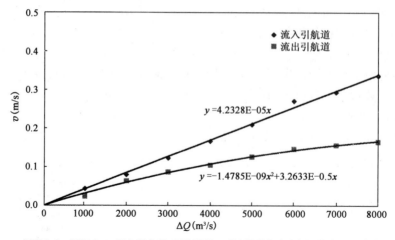

图 7.3-6　机组 2min 开启增负荷,引航道进口过渡段最大流速与调节流量的关系

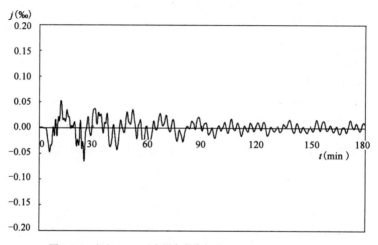

图 7.3-7　机组 2min 开启增负荷靠船墩 m07、m08 测点间比降

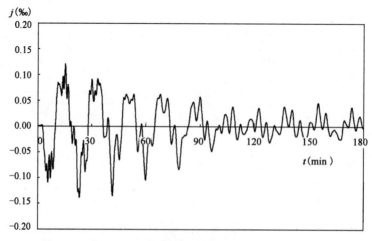

图 7.3-8　机组 2min 开启增负荷过渡段处 m09、m10 测点间比降

无论是靠船墩处,还是过渡段处,引航道内水体流出,产生一个负的反比降,然后水体流入产生一个最大的正比降,正比降形成后,又一次水体流出,产生一个最大的负比降,然后是水面比降往复的正负交替出现,逐步衰减。水面比降正负交替出现的周期与水面上下波动和正反流速的周期相同,均约为19min。

表7.3-4是机组2min开启增负荷不同调节流量时对应的引航道最大水面比降。从表看出:规则断面处的比降比靠船墩处的大,原因是规则断面处的断面积比靠船墩处断面积小。

机组 2min 开启增负荷引航道进口过渡段最大比降 j_{max}(‰)　　　　表 7.3-4

情况	ΔQ(m³/s)	1000	2000	3000	4000	5000	6000	7000	8000
靠船墩	−	0.01326	0.01741	0.02467	0.03237	0.04081	0.04889	0.05689	0.06519
	+	0.01504	0.01511	0.02200	0.02867	0.03481	0.04148	0.04815	0.05407
过渡段	−	0.02941	0.04015	0.05807	0.07519	0.08978	0.10519	0.12148	0.13874
	+	0.02415	0.03244	0.04778	0.06244	0.07667	0.09059	0.10474	0.11933

比降定义:水流出引航道时的水面比降为负,反之为正。

机组2min开启增负荷调节流量 ΔQ 与最大水面比降 j_{max} 的关系,见图7.3-9。从图看出,基本上是线性关系,调节流量越大,比降越大。

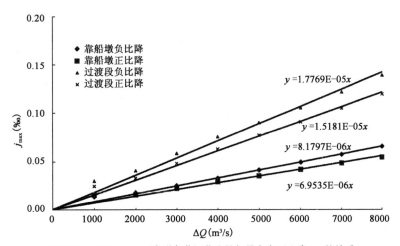

图 7.3-9　机组 2min 开启增负荷调节流量与最大水面比降 j_{max} 的关系

由图可见,最大比降值与调节流量有关,点绘比降 j_{max} 与调节流量 ΔQ 的关系(图7.3-9),规律性很好。得到靠船墩正负比降的关系如下:

靠船墩:

最大正比降 $\hspace{5em} j_{max} = +8.1797 \times 10^{-6}\Delta Q \hspace{5em}$ (7.3-6)

最大负比降 $\hspace{5em} j_{max} = -6.9535 \times 10^{-6}\Delta Q \hspace{5em}$ (7.3-7)

规则断面:

最大正比降 $\hspace{5em} j_{max} = +1.7769 \times 10^{-5}\Delta Q \hspace{5em}$ (7.3-8)

最大负比降 $\hspace{5em} j_{max} = -1.5181 \times 10^{-5}\Delta Q \hspace{5em}$ (7.3-9)

靠船墩处的停泊条件:以调节流量 $\Delta Q = 8000\mathrm{m}^3/\mathrm{s}$ 为例,最大水面比降 $j_{max} = 0.06519‰$,当停泊 $1 + 9 \times 1000\mathrm{t}$ 的控制船队,排水量约12000t,所产生的比降力为1.3kN,允许的系缆力为50kN,所以在各级调节流量条件下,停泊是安全的,比降不是控制条件。

规则断面处的航行条件:以调节流量 $\Delta Q = 8000\mathrm{m}^3/\mathrm{s}$ 时的最大水面比降 $j_{max} = 0.13874‰$,当航行 $1 + 9 \times 1000\mathrm{t}$ 的控制船队,排水量 w 约12000t,所产生的比降阻力为 $1.05j_w = 17.5\mathrm{kN}$,当船队在引航道航行,设航速 2m/s(一般航速 1.3m/s 左右)进行航行条件分析:1000t 单船的航行阻力约9.11kN,船队的水流阻力 $R_v = 9 \times 9.11 + 17$(推轮)$= 98.99\mathrm{kN}$,总阻力 $R = R_v + R_i = 116.5\mathrm{kN}$。船队推轮马力 2640HP,为1941.7kW,它产生的推力为233kN。

结果表明:试验条件下,电站日调节在引航道所产生的水面比降不会影响控制船队的航行。

5)小结

机组增负荷时,受电站调节流量的影响,上游河道水位降低,流速增大,当负波传递到引航道口门处,河道水位低于引航道水位,水体流出,负波在引航道继续传递,至端部(船闸和升船机处)后返回,水体在引航道内形成往复波动,并逐渐衰减。

电站日调节对引航道的影响,主要是调节流量引起上游河道水位的降低及引航道水体的往复波动。各测点的水位降低趋势是一致的,水位的降低与调节流量成正比。由于引航道水深较大,水位降低不会影响船舶通航。

计算表明,电站机组开启增负荷,会在上游引航道形成非恒定流动。引航道水位波动周期约19min,波幅与调节流量成比例关系。引航道内比降、流速、口门区流速均不会影响航行条件。只有在调节流量大于4000m³/s时,升船机和船闸上闸首波动超过0.20m。

需要说明的是,0.2m 的误载水深只是一个判断的指标。根据设计,当升船机船厢与闸首对接过程中误载水深超过 ±5cm 时,就需启动船厢两端的可逆水泵系统进行调节。误载水深越大,对升船机快速运转的不利影响越大,所以应该尽量减小运转中的误载水深值。

7.4 电站机组减负荷运行工况计算

1)计算条件

电站机组 2min 关闭减负荷的计算条件:上游水位144.5m,电站应用流量15000m³/s,调节流量分别为:1000m³/s、2000m³/s、3000m³/s、4000m³/s、5000m³/s、6000m³/s、7000m³/s、8000m³/s。河道与引航道测点布置及计算水位波动过程与机组 2min 开启增负荷相同。

2)河道与引航道的水位波动

电站机组 2min 关闭减负荷使上游水位总体上升。上游大坝前缘 m01、河道 P07、P08 测点;引航道升船机闸首 m03、船闸闸首 m06、靠船墩首末 m07、m08、规则断面 m09、m10,引航道出口 m11 等测点的水位波动过程见图 7.4-1。

机组 2min 关闭减负荷不同调节流量时,180min 计算时段内河道、引航道各测点水位最大升高见表 7.4-1。

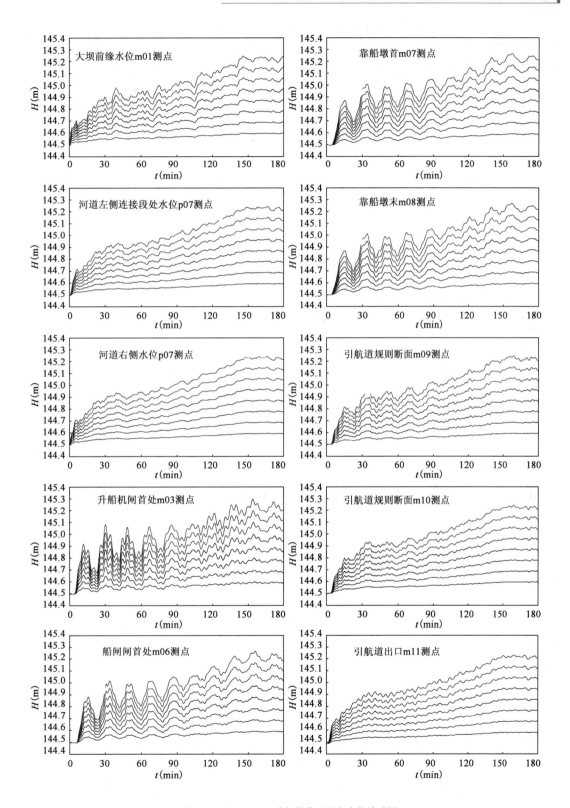

图 7.4-1　机组 2min 减负荷典型测点水位波动图

机组 2min 关闭减负荷河道与引航道水位最大升高(m) 表 7.4-1

Q (m^3/s)	ΔQ (m^3/s)	ΔH_{max}				
		升船机	船闸	m07 ~ m08	m09 ~ m10	P7 ~ P8
15000	1000	0.12	0.10	0.10	0.10	0.10
	2000	0.20	0.20	0.19	0.19	0.19
	3000	0.30	—	0.29	0.29	0.28
	4000	0.40	0.39	0.38	0.38	0.38
	5000	0.49	0.48	0.48	0.47	0.47
	6000	0.60	0.58	0.57	0.57	0.56
	7000	0.69	0.67	0.67	0.65	0.65
	8000	0.79	0.78	0.76	0.74	0.74

180min 计算时段内水位升高与调节流量的关系,见图 7.4-2。

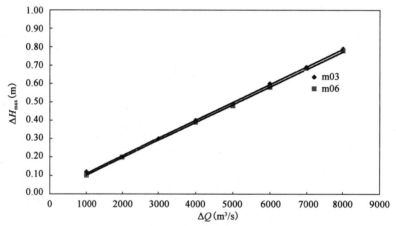

图 7.4-2　升船机 m03 与船闸 m06 电站调节流量与水位最大升高关系曲线

得到 180min 升船机和船闸水位最大升高计算公式:

升船机　　　　　　　　　　$\Delta H_{max} = 0.99 \times 10^{-4} \Delta Q$　　　　　　　　(7.4-1)

船闸　　　　　　　　　　　$\Delta H_{max} = 0.97 \times 10^{-4} \Delta Q$　　　　　　　　(7.4-2)

工程中可根据允许水位升高的标准,参照最大水位升高与调节流量的关系,寻求合理的运转时间与调节流量。

根据引航道水位波动资料,统计各调节流量条件下,升船机 m03 与船闸闸首处 m06 最大水位升高 ΔH_{max},见表 7.4-2。同时点绘 $\Delta H_{max} = f(\Delta Q)$ 的关系,见图 7.4-3,从图看出,规律性很好,得到:

升船机　　　　　　　　　　$\Delta H_{max} = 0.524 \times 10^{-4} \Delta Q$　　　　　　　(7.4-3)

船闸　　　　　　　　　　　$\Delta H_{max} = 0.485 \times 10^{-4} \Delta Q$　　　　　　　(7.4-4)

与机组 2min 开启增负荷的 $\Delta H_{max} = f(\Delta Q)$ 比较,其关系是一致的,说明机组开启与关闭在船闸和升船机上闸首形成的波高是一致的。

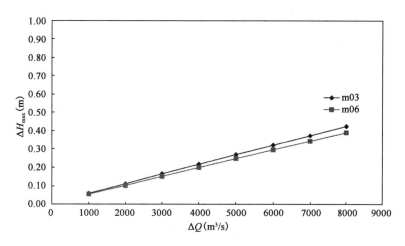

图 7.4-3　机组减负荷升船机及与船闸 ΔH_{max} 与 $f(\Delta Q)$ 关系曲线

机组减负荷不同调节流量升船机与船闸闸首处最大水位升高(m)　　表 7.4-2

$\Delta Q(m^3/s)$		1000	2000	3000	4000	5000	6000	7000	8000
ΔH_{max}	升船机	0.058	0.108	0.161	0.213	0.265	0.316	0.367	0.417
	船闸	0.051	0.10	0.149	0.198	0.246	0.294	0.341	0.384

3)引航道及口门区的流速

机组 2min 关闭减负荷引航道口门区流速计算结果见图 7.4-4。

从图看出:引航道内各测点的流速值与该测点位置的断面积有关,均满足通航标准要求。其中过渡段 m10 所在断面面积最小,故机组 2min 关闭减负荷以引航道过渡段 m10 的流速计算结果进行分析,见图 7.4-5。图中显示了各调节流量时,引航道出口断面往复流速随时间的变化过程。图中最大正向、反向(负)流速列表 7.4-3。

机组 2min 关闭减负荷引航道出口过渡段 m10 往返流速最大均值(m/s)　　表 7.4-3

$\Delta Q(m^3/s)$		1000	2000	3000	4000	5000	6000	7000	8000
流速	−	0.024	0.061	0.086	0.101	0.128	0.149	0.156	0.169
	+	0.039	0.079	0.120	0.163	0.203	0.247	0.288	0.330

流速定义:水流从河道流入引航道为正,流出为负。

与机组 2min 开启增负荷的认识和规律相同,只不过是先有水体流入引航道,然后再流出,不断反复并衰减。由表 7.4-3 数据绘图 7.4-6,建立 $v_{max}=f(\Delta Q)$ 关系得到:

流出时　　　　　$$v_{max} = -1.3427 \times 10^{-9}\Delta Q^2 + 3.1991 \times 10^{-5}\Delta Q \qquad (7.4-5)$$

流入时　　　　　$$v_{max} = 4.0990 \times 10^{-5}\Delta Q \qquad (7.4-6)$$

与机组开启增负荷相比较,流入、流出的速度绝对值差异很小,其关系基本一致。主要原因在于机组 2min 开启与关闭,计算的边界条件,计算的水位与调节流量相同。唯一不同的是流速的绝对值,前者流出大于流入,而后者却相反,这是符合实际情况的。

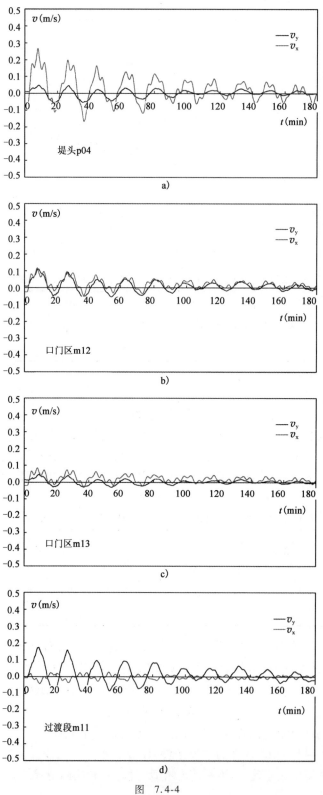

图 7.4-4

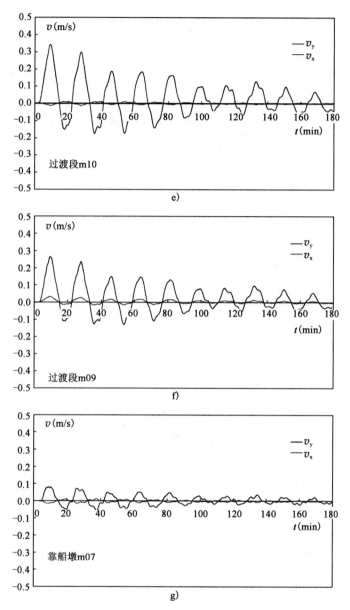

图 7.4-4　机组 2min 关闭,流量减少 8000m³/s,典型测点往复流

4) 引航道内的水面比降

机组 2min 关闭减负荷,调节流量 $\Delta Q = 1000 \sim 8000$m³/s,机组减负荷引航道水面比降的运动过程与增负荷基本相同,仅是一正一负而已。调节流量 8000m³/s 条件下靠船墩及过渡段水面比降变化过程见图 7.4-7、图 7.4-8。

不同调节流量引航道最大比降见表 7.4-4。由表 7.4-4 资料,点绘 $j_{max} = f(\Delta Q)$ 的关系,见图 7.4-9,得到与增负荷基本相同的关系,即:

靠船墩:

最大正比降
$$j_{max} = 7.9956 \times 10^{-6} \Delta Q \qquad (7.4-7)$$

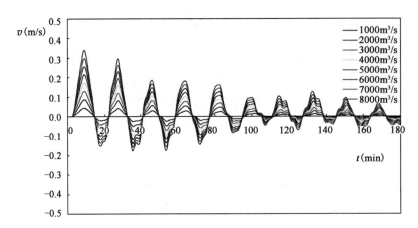

图 7.4-5　机组 2min 关闭减负荷引航道出口断面调节流量与往复流速过程

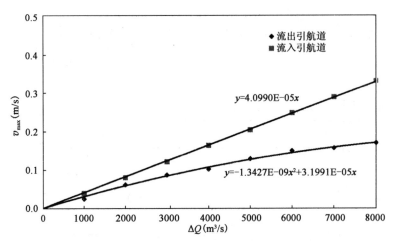

图 7.4-6　机组 2min 关闭减负荷,引航道进口过渡段最大流速与调节流量的关系

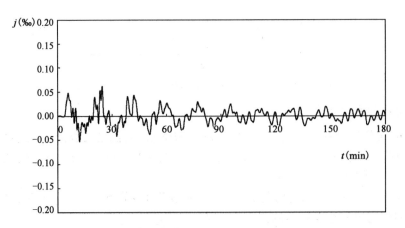

图 7.4-7　机组 2min 关闭减负荷靠船墩 m07、m08 测点间比降

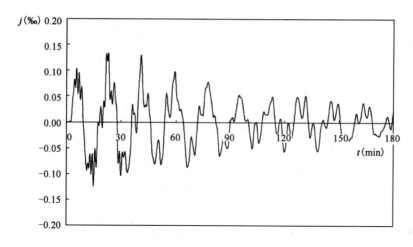

图 7.4-8　机组 2min 关闭减负荷过渡段处 m09、m10 测点间比降

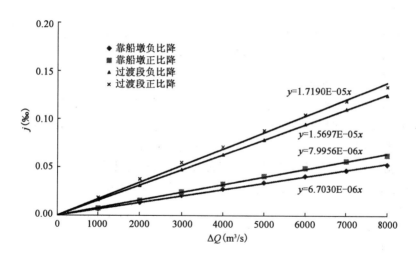

图 7.4-9　机组 2min 关闭减负荷调节流量 ΔQ 与最大水面比降 j_{max} 关系

最大负比降
$$j_{max} = -6.7030 \times 10^{-6} \Delta Q \qquad (7.4\text{-}8)$$

规则断面：

最大正比降
$$j_{max} = 1.7190 \times 10^{-5} \Delta Q \qquad (7.4\text{-}9)$$

最大负比降
$$j_{max} = -1.5697 \times 10^{-5} \Delta Q \qquad (7.4\text{-}10)$$

机组 2min 关闭减负荷不同调节流量引航道最大比降 j_{max}（‰）　　　表 7.4-4

情况	$\Delta Q(\mathrm{m^3/s})$		1000	2000	3000	4000	5000	6000	7000	8000
靠船墩		−	0.00667	0.01333	0.02074	0.02741	0.03407	0.04074	0.04667	0.05259
		+	0.00741	0.01556	0.02444	0.03259	0.04074	0.04889	0.05630	0.06222
过渡段		−	0.01630	0.03111	0.04741	0.06296	0.07852	0.09481	0.11037	0.12444
		+	0.01852	0.03778	0.05481	0.07111	0.08815	0.10444	0.11852	0.13333

比降定义：水流出引航道时，水面下游高上游低，水面比降为负，反之为正。

5）小结

电站机组 2min 关闭减负荷，电站下泄流量减小，坝前水位升高，产生的正波向上游传递，在一端封闭的上游引航道内引起波动。引航道上下波幅、正反流速、正负比降周期相同，均约为 19min。

升船机与船闸闸首处水位波高最大，它与调节流量和运行时间有关，是控制条件。引航道出口断面流入流速大于流出的流速。这是由于总体上水体是进入引航道的。

引航道靠船墩与规则断面在调节流量范围内的正负比降，不影响船舶（队）的停泊和航行条件。引航道内的最大纵向流速不超过 0.5m/s，横向流速均远小于 0.15m/s，不会影响船舶正常通航。只有在调节流量大于 4000m³/s 时，升船机和船闸上闸首波动会超过 0.20m。

7.5 电站机组增负荷与双闸灌水同时运行工况计算

1）计算条件

电站应用流量 15000m³/s，电站机组 2min 开启增负荷，调节流量选择 6000m³/s。计算双闸同时灌水与电站日调节同时运行时河道与引航道的水力特性。

2）河道与引航道水位波动

针对电站应用流量 15000m³/s，机组 2min 开启增负荷，调节流量 6000m³/s，与双闸同时灌水（灌水时间 14min，错开时间为 0min）联合运行，计算河道与引航道内有关各测点的水位运动过程，见图 7.5-1、图 7.5-2。从图看出，联合运转的 180min 内，河道内有关测点的水位下降过程基本一致，而引航道内有关测点水位下降过程变化较大，其中引航道出口 m11 与河道测点水位下降过程相同，而 m03 与 m06 测点，受引航道端部封闭的影响，水位呈周期性的往复波动，且波动较大。

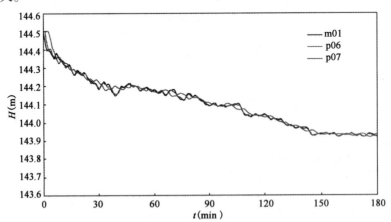

图 7.5-1 机组 2min 开启与双闸灌水联合运转河道内各点水位波动

根据联合运转引航道各测点的水位运动过程，统计 180min 内各测点的水位最大降低，见表 7.5-1。从表看出，最大水位下降 ΔH_{max} 反映了由于电站开启，增负荷流量增加带来的坝上水位下降大趋势和船闸灌水引起的水位波动叠加的影响。

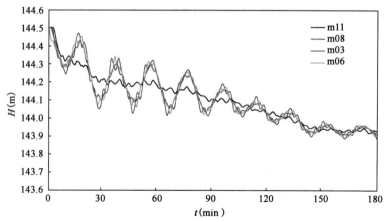

图 7.5-2　机组 2min 开启与双闸灌水联合运转引航道内各点水位波动

机组增负荷与双闸灌水联合运转引航道内水位最大降低(m)　　表 7.5-1

双闸灌水与机组错开	升船机	船闸	靠船墩		规则断面处		引航道出口
时间(min)	m03	m06	m07	m08	m09	m10	m11
0	−0.60	−0.60	−0.59	−0.59	−0.59	−0.58	−0.58

表 7.5-2 是联合运转条件下引航道各测点的最大水位波高。结合图 7.5-1、图 7.5-2,可知,坝上各点最大波高仍然发生在引航道端部的升船机上闸首和船闸上闸首,这也是引航道的水位波动特性决定的。

机组增负荷与双闸灌水联合运转引航道内水位最大波幅(m)　　表 7.5-2

双闸灌水与机组	升船机	船闸	靠船墩		规则断面处		引航道出口
错开时间(min)	m03	m06	m07	m08	m09	m10	m11
0	0.42	0.38	0.34	0.33	0.23	—	—

可见,船闸与升船机上闸首的波高与双闸同时灌水接近,大于电站增负荷产生的波动。从水位波动过程可知,由于两个波动周期基本一致,两个波产生了相互叠加和抵消。

3)引航道及口门区的流速

根据机组增负荷与双闸灌水联合运转资料,分析引航道内各测点往复流速过程,见图 7.5-3。从图看出,各点流速均不大。纵向流速最大值是进口过渡段的 m10 测点,流入 0.25m/s,流出 0.26m/s。引航道内各点 m10、m09、m07 横向流速均小于 0.15m/s。按《船闸输水系统设计规范》(JTJ 306—2001)和《船闸总体设计规范》(JTJ 305—2001)的有关规定衡量,均不超标。

4)引航道内的水面比降

根据机组增负荷与双闸灌水联合运转水位波动过程资料,分析靠船墩 m07～m08 与规则断面处 m09～m10 测点瞬时水位最大差值,除以测点间距,得各瞬时比降,见图 7.5-4、图 7.5-5。

从图看出:规则断面处的比降比靠船墩处大,原因是规则断面处的过流面积比靠船墩处断面积小。靠船墩处 1+9×1000t 船舶(队)系缆力,规则断面处相应船队的比降阻力,均不会影响船队的正常停泊与航行。

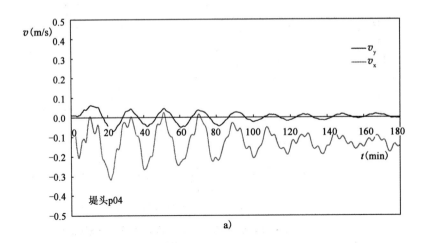

a)

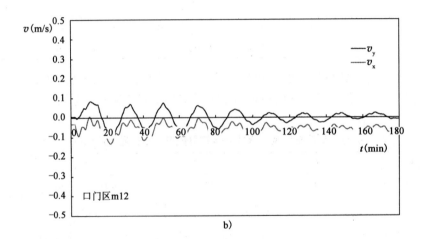

b)

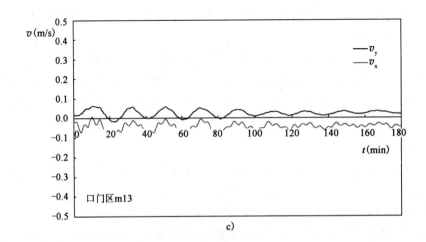

c)

图 7.5-3

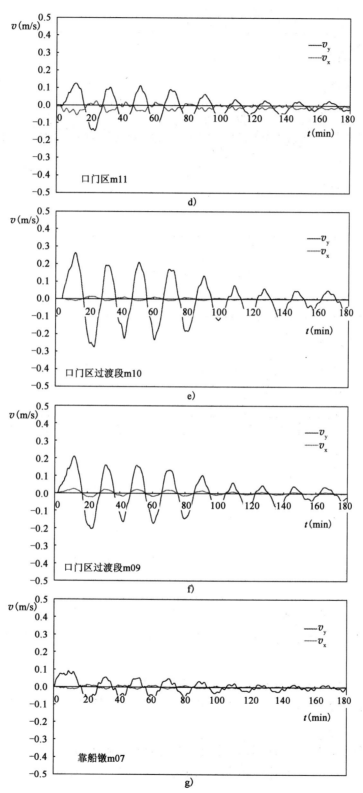

图 7.5-3 机组 2min 开启与双闸灌水联合运行典型测点流速过程

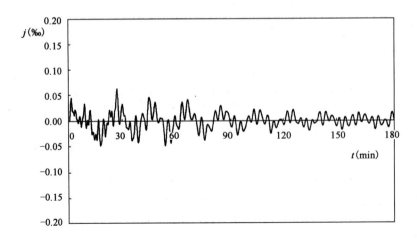

图 7.5-4　机组增负荷与双闸灌水联合运转靠船墩比降

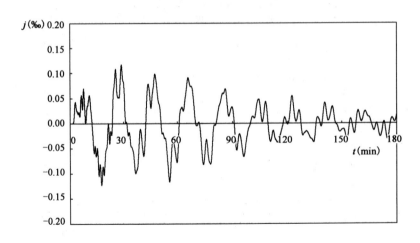

图 7.5-5　机组增负荷与双闸灌水联合运转过渡段比降

5）小结

根据以上计算分析,电站机组增负荷与双闸灌水联合运行,会在引航道内形成往复波流。最大波高仍然出现在升船机闸首和船闸闸首处。比降和流速的最大值则出现在引航道进口过渡段处。

电站日调节与船闸灌水引起的波动可以相互影响,形成波动的叠加或抵消。电站机组增负荷与双闸灌水联合运行,在调节流量 6000m³/s 条件下,引航道内流速、比降最大值均满足通航标准要求。

引航道端部的波高最大约 0.41m,会对升船机的安全运转构成不利影响,须采取措施,使其值减小。计算表明,三峡上游引航道存在的问题,主要是船闸和升船机上闸首的水位波动高度过大的问题。

7.6　电站机组减负荷与双闸灌水同时运行工况计算

1）计算条件

电站应用流量 $15000\,\mathrm{m^3/s}$，机组 $2\mathrm{min}$ 关闭，机组调节流量 $\Delta Q=6000\,\mathrm{m^3/s}$，双闸同时灌水与电站机组关闭同时进行。研究船闸灌水与电站机组关闭减负荷非恒定流的相互作用。

2）河道与引航道水位波动

电站机组 $2\mathrm{min}$ 关闭减负荷与双闸灌水联合运转，计算得到河道与引航道内有关测点的水位运动过程，见图 7.6-1。

根据联合运转引航道各测点的水位运动过程，引航道内各测点在 $180\mathrm{min}$ 中内的水位最大升高可见表 7.6-1。该表只是说明水位升高的一些现象，同时，还要了解不同时刻的水位参考水位变化过程线。

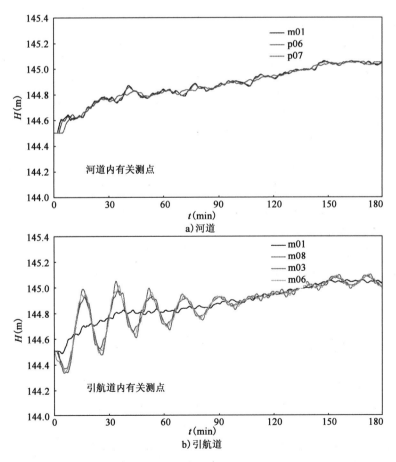

a）河道

b）引航道

图 7.6-1　机组 2min 关闭与双闸灌水联合运转水位波动

机组减负荷与双闸灌水联合运转引航道内测点水位最大升高(m)   表7.6-1

双闸灌水与机组	升船机	船闸	靠船墩		规则断面处		引航道出口
错开时间(min)	m03	m06	m07	m08	m09	m10	m11
0	0.59	0.60	0.59	0.59	0.57	0.56	0.56

电站机组减负荷,与双闸同时灌水在引航道波动会叠加和抵消。表7.6-2是机组减负荷与双闸灌水联合运转引航道内水位最大波高。

机组减负荷与双闸灌水联合运转引航内测点水位最大波高(m)   表7.6-2

双闸灌水与机组	升船机	船闸	靠船墩		规则断面处		引航道出口
错开时间(min)	m03	m06	m07	m08	m09	m10	m11
0	0.66	0.61	0.57	0.56	0.38	0.33	—

可以看出,最大水位波高大于双闸同时灌水的最大波高,也大于关闭机组的波高,说明波动发生了叠加。引航道端部升船机上闸首和船闸上闸首水位的波动周期约为19min,基本没有变化。由于引航道水位变化不大,引航道内水位波动主要与引航道形状有关,是基本固定的。

3)引航道及口门区的流速

各点往复流速过程,见图7.6-2。过渡段m10流速达到0.65m/s。此流速大于双闸同时灌水的流速,也大于单独电站机组关闭产生的流速,说明,过渡段流速发生了叠加。P04点横流较大,但是此点不在航道上。其余各处流速的绝对值均不大,按船闸输水系统设计规范有关规定衡量,均满足要求。

4)引航道内的水面比降

根据机组减负荷与双闸灌水联合运转水位波动过程资料,分析靠船墩m07~m08与规则断面处m09~m10测点瞬时水位最大差值,除以测点间距,得各比降过程,见图7.6-3、图7.6-4。过渡段比降明显增加,最大约0.22‰,大于各自单独运转的比降值,也大于机组增负荷与双闸灌水联合运转的情况。

比降的基本规律及有关认识与机组增负荷相仿,规则断面的比降比靠船墩大,靠船墩处的比降折算船舶比降力很小,不会影响船舶(队)安全停泊。同样,规则断面处的比降阻力,也不会影响船队的安全航行。

5)小结

电站日调节减负荷与船闸灌水联合运转,调节流量与船闸灌水产生引航道的波流运动,两者相互叠加,引航道的水流条件比单一的日调节和船闸灌水差。

联合运转时,规则断面处的比降比靠船墩处大,是断面积的差异所致。靠船墩处的比降产生的比降力,不会影响船舶(队)的停泊条件。规则断面处的比降阻力,不会影响船舶(队)的安全航行。

引航道出口过渡段断面的纵向流速0.65m/s,满足规范纵向流速≤0.5~0.8m/s的规定。引航道端部的波高最大0.66m,此波动对船闸和升船机的安全运转均构成不利影响,须采取一定的措施,使其值减小。

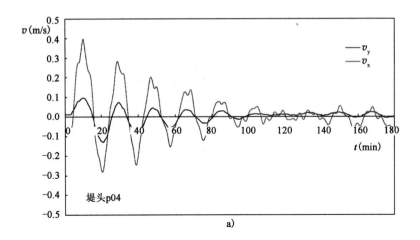

a)

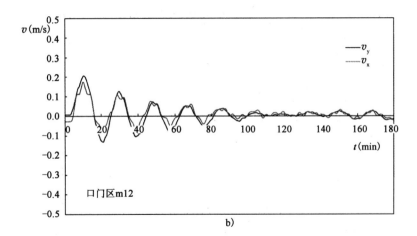

b)

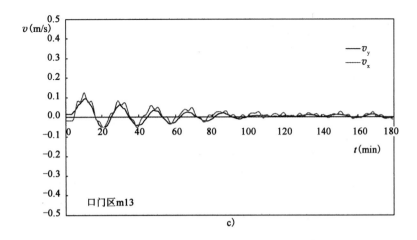

c)

图　7.6-2

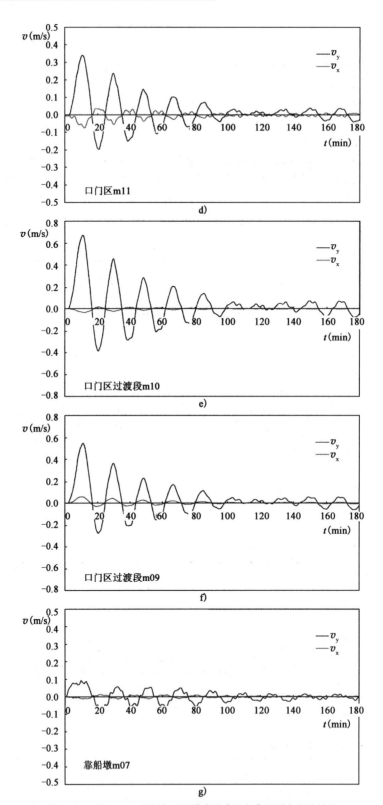

图 7.6-2　机组 2min 关闭与双闸灌水联合运行典型测点流速过程

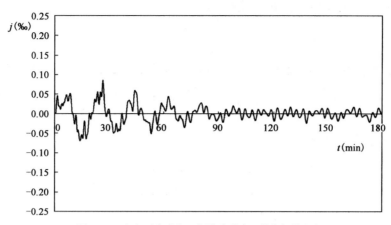

图 7.6-3 机组减负荷与双闸灌水联合运转靠船墩比降

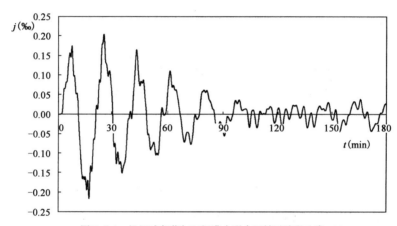

图 7.6-4 机组减负荷与双闸灌水联合运转过渡段比降

此处,船闸与电站是同时开始运转,非恒定流发生了叠加。这种叠加是否为最不利情况,如何使其相互抵消,这些问题均将在改善措施中进一步研究。

7.7　双线船闸错时运行工况计算

1)波动叠加原理

两个周期性的波动相位差不同会导致波动叠加或抵消。这是利用运转调度措施改善水流条件的理论基础。接下来就相位差对波高的影响做简要分析。

以升船机测点 m03 为例,在船闸灌水或电站调节过程中,由于流量变化和波的传递,会使测点水位上下起伏,产生周期性的振动。水位振动的幅度即是波高,两个峰值或谷值之间的时间间隔即水位波动周期。波高大小与船闸灌水或电站调节流量过程的最大值有关,同时与测点距船闸或电站的距离及水深等因素有关。测点水位波高随着波动的持续,会不断衰减。波动的周期主要与引航道尺度和水深有关。根据原型观测计算,升船机处水位波动周期 T 约为 19min。

一个波动在 m03 形成的水位变化可用下式表示：

$$H_1 = H_1\cos(\omega t + \phi_1) \tag{7.7-1}$$

$$\Delta H_1 = k_1 \Delta H_{1max} \tag{7.7-2}$$

式中：H_1 为水位变化(m)；ΔH_1 为波高(m)；k_1 为衰减系数，随时间逐渐减小；ΔH_{1max} 为最大波高(m)；ω 为角频率，由系统特性决定，$\omega = \dfrac{2\pi}{T}$；T 为波动周期(min)；ϕ_1 为初始相位，$\phi_1 = 2\pi\dfrac{t_{10}}{T}$；$t_{10}$ 为波动起始时间(min)。

同理，另一个波动在 m03 形成的水位变化可以用下式表示：

$$H_2 = \Delta H_2\cos(\omega t + \phi_2) \tag{7.7-3}$$

$$\Delta H_2 = k_2 \Delta H_{2max} \tag{7.7-4}$$

式中，H_2 为水位变化(m)；ΔH_2 为波高(m)；k_2 为衰减系数，随时间逐渐减小；ΔH_{2max} 为最大波高(m)；ω 为角频率，由系统特性决定，$\omega = \dfrac{2\pi}{T}$；ϕ_2 为初始相位，$\phi_2 = 2\pi\dfrac{t_{20}}{T}$；$t_{20}$ 为波动起始时间(min)。

两个波动的频率一致，测点水位变化可以近似用下式表达：

$$H = H_1 + H_2 = \Delta H_1\cos(\omega t + \phi_1) + \Delta H_2\cos(\omega t + \phi_2) \tag{7.7-5}$$

利用三角恒等式，上式可化为：

$$H = H_3\cos(\omega t + \phi_0) \tag{7.7-6}$$

其中：

$$H_3 = \sqrt{\Delta H_1^2 + \Delta H_2^2 + 2\Delta H_1 \Delta H_2\cos(\phi_2 - \phi_1)}$$

$$\tan\phi_0 = \frac{\Delta H_1\sin\phi_1 + \Delta H_2\sin\phi_2}{\Delta H_1\cos\phi_1 + \Delta H_2\cos\phi_2}$$

可见，水位波动合成后性质不变，其频率与原来相同，而波高则由原来两个波动的波高和初相位决定。

从上式可知：当波动的初相位差($\phi_2 - \phi_1$)为 $\pm 2n\pi$(n 为非负整数)，波高最大，为两个波高的和；当波动的初相位差($\phi_2 - \phi_1$)为($\pm 2n + 1$)π(n 为非负整数)，波高最小，为两个波高的差。多个波动的合成也是同样道理。

波高叠加条件为：

$$(\phi_2 - \phi_1) = 2\pi\frac{t_{20}}{T} - 2\pi\frac{t_{10}}{T} = \pm 2n\pi \tag{7.7-7}$$

$$t_{20} - t_{10} = \pm nT \tag{7.7-8}$$

波高抵消条件为：

$$(\phi_2 - \phi_1) = 2\pi\frac{t_{20}}{T} - 2\pi\frac{t_{10}}{T} = (\pm 2n + 1)\pi \tag{7.7-9}$$

$$t_{20} - t_{10} = (\pm n + 0.5)T \tag{7.7-10}$$

考察两个相同频率的波动是叠加还是抵消，只需看它们的相位差满足什么条件即可。应用时还要考虑不同波源波动传递到观测点的时间差,即船闸、电站同时运转,但波动不会同时到达水位测点。设两个波动源开始运行的时间分别是 t_{k1}、t_{k2},当两个波动源同时运转时,第二个波动比第一个波动早到的时间为 Δt_0,则有:

波高叠加条件为:

$$t_{20} - t_{10} = t_{k2} - t_{k1} - \Delta t_0 = \pm nT \qquad (7.7\text{-}11)$$

$$t_{k2} - t_{k1} = \pm nT + \Delta t_0 \qquad (7.7\text{-}12)$$

波高抵消条件为:

$$t_{20} - t_{10} = t_{k2} - t_{k1} + \Delta t_0 = (\pm n + 0.5)T \qquad (7.7\text{-}13)$$

$$t_{k2} - t_{k1} = (\pm n + 0.5)T + \Delta t_0 \qquad (7.7\text{-}14)$$

2)计算条件

船闸灌水与引航道产生的长波运动与灌水方式有关。研究表明双闸灌水引起的波动高度约等于单闸灌水波动高度的 2 倍。也就是说,船闸灌水在升船机闸首处的波动基本上是线性叠加。根据这一特性,可以使双线船闸灌水错开一定的时间,以达到波动抵消的目的。

已知引航道端部水位波动周期为 $T = 19$ min,两个船闸的波动同时到达升船机上闸首,即 $\Delta t_0 = 0$ min。则根据同频率波动叠加原理,当双闸错开时间为 $\pm nT$(n 为非负整数)时,波高则会出现较大幅度的叠加。当双闸错开时间为 $(\pm n + 0.5)T$(n 为非负整数)时,波高则会出现最大幅度的抵消。

即当错开时间为 0 min(此时 $n = 0$),波动叠加;当错开时间为 9.5 min(此时 $n = 0$),波动抵消。

因此,分别计算双闸错开时间为 0、6、9.5、12、19、24、28.5、36、38、47.5、50 和 ∞(min),共 12 次。其中双闸错开时间 ∞ min 为单闸灌水,双闸错开时间 0 min 时为同时灌水。

3)引航道的水位波动

双闸错开灌水,双闸错开时间分别为 9.5 min 和 19 min,升船机与船闸闸首处的波动过程见图 7.7-1、图 7.7-2。

可以看出:

(1)引航道内最大水位波幅发生在升船机与船闸闸首处。引航道出口断面最小,靠船墩与规则断面测点波幅介于两者之间。引航道口门处波很小,只有几公分,坝前及河道测点也有波动,但是波高可以忽略。升船机、船闸上闸首波高最大,单闸灌水时为 0.22m,双闸灌水时为 0.41m。

(2)单闸、双闸同时与错开灌水的波动周期基本相同。

(3)错开 9.5 min,相当于半个波动周期的时间,船闸灌水在升船机、船闸闸首处的波动大幅度抵消,升船机与船闸闸首处的波高,最小约为 0.1m,已经比单闸灌水还要小。

(4)错开 19 min,船闸灌水在升船机、船闸闸首处的波动大幅度叠加,波高大到 0.38m,已经接近双闸同时灌水的波高 0.41m。

需要说明的是,0.1m 这个数值是单船闸灌水在升船机测点形成的初始水位降低值,无论两次灌水的波动如何抵消,都不会小于单闸灌水的水位降低值。由于单闸灌水的最大波高一般是第 2 个波高,所以双闸错时运转可以出现比单闸灌水还要小的波高。

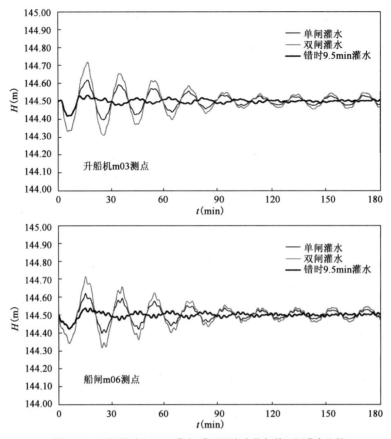

图 7.7-1　双闸错时 9.5min 灌水, 典型测点水位与单双闸灌水比较

　　双闸错开不同时间灌水各测点水位波高值见表 7.7-1, 单位为 m。将表中数据, 以错开时间为横坐标, 波高 ΔH 为纵坐标, 得到不同错开时间与测点波高的关系, 见图 7.7-3、图 7.7-4。从图看出: 随着错开时间的不断增加, 各测点波高呈周期性变化, 波高曲线变化周期约 19min。当错开时间是波动周期 19min 的整数倍时, 波高大; 当错开时间是波动周期 19min 的整数倍再加上 0.5 倍波动周期时, 波高较小。说明引航道中的波动叠加或抵消与错开时间和波动周期有关, 规律十分明显。

船闸灌水测点水位波高值（m）

表 7.7-1

错开时间（min）	升船机 m03	船闸 m06	靠船墩 m07、m08		规则断面处 m09、m10		引航道口门 m11
0	0.409	0.398	0.34	0.333	0.18	0.118	0.022
6	0.243	0.231	0.193	0.197	0.100	0.060	0.0195
9.5	0.113	0.115	0.094	0.089	0.051	0.035	0.019
12	0.167	0.151	0.14	0.135	0.075	0.051	0.016
19	0.375	0.356	0.325	0.310	0.167	0.103	0.033
24	0.263	0.271	0.225	0.216	0.114	0.071	0.0245

续上表

错开时间(min)	升船机	船闸	靠船墩		规则断面处		引航道口门
	m03	m06	m07、m08		m09、m10		m11
28.5	0.220	0.214	0.184	0.179	0.095	0.061	0.020
36	0.335	0.297	0.275	0.27!	0.146	0.093	0.034
38	0.336	0.318	0.286	0.272	0.149	0.096	0.031
47.5	0.220	0.214	0.184	0.179	0.095	0.061	0.020
50	0.220	0.214	0.184	0.179	0.095	0.061	0.022
∞	0.223	0.220	0.185	0.180	0.096	0.061	0.021

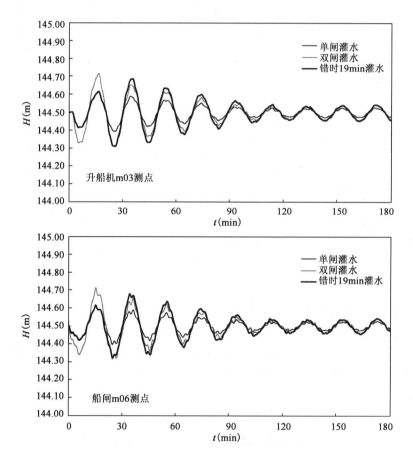

图 7.7-2 双闸错时 19min 灌水,典型测点水位与单双闸灌水比较

4)小结

船闸错时灌水,在船闸闸首处存在波的最大升高和降低,该处的波高是波动的控制条件。

当错开时间是波动周期 19min 的整数倍时,波高大;当错开时间是波动周期 19min 的整数倍再加上 0.5 倍波动周期时,波高小。以 T 表示船闸灌水的波动周期,不利错开时间是 nT, $n = 0, 1, 2, \cdots$,最佳错开时间是 $(n + 0.5)T$。用波动叠加原理中的公式计算错开时间时,$\Delta t_0 = 0.0\text{min}$。

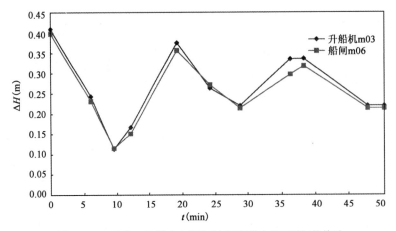

图 7.7-3　m03 与 m06 测点水位波动与双闸灌水错开时间的关系

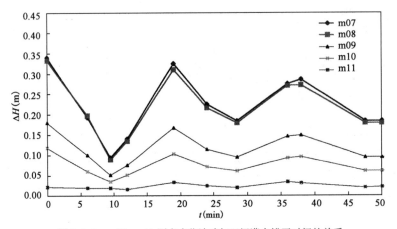

图 7.7-4　m07～m11 测点水位波动与双闸灌水错开时间的关系

　　选择合适的双闸错时灌水,可使升船机、船闸前的波高比单闸运行还要小。利用这一特性,在三峡船闸灌水错开时间上下功夫,可以抑制引航道的波动。

　　实际上引航道中一直存在周期基本固定的波动,只要实时监测引航道的波动幅度和相位,再根据单闸或双闸灌水波动过程线,选择合适的开始灌水时机,使两者峰谷重合,即可达到减小波动的目的。

7.8　电站机组错时运行工况计算

1) 计算条件

　　首先看图 7.8-1。图中画出了电站机组增负荷 4000m³/s、8000m³/s 条件下,升船机上闸首 m03 号测点的水位变化过程,同时给出了电站机组增负荷 4000m³/s 引起的水位变化的 2 倍值。图中显示电站机组增负荷,8000 m³/s 的水位变化幅度,约等于 4000m³/s 条件下水位变化幅度的 2 倍。也就是说电站机组增负荷时,8000 m³/s 在升船机上闸首引起的水位变幅,基本是由两个$4000\mathrm{m^3/s}$引起的水位变幅线性叠加。

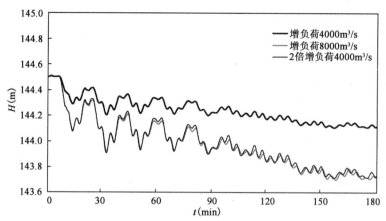

图7.8-1 电站机组增负荷$4000\mathrm{m^3/s}$、$8000\mathrm{m^3/s}$,升船机上闸首3号测点水位变化

计算条件下,电站日调节增负荷在升船机上闸首的水位波动周期约为$T=19\mathrm{min}$。因此,若开启$\Delta Q=4000\mathrm{m^3/s}$后,间隔一定时段,假设为$T/2\mathrm{min}$,再按机组$2\mathrm{min}$开启$\Delta Q=4000\mathrm{m^3/s}$,则这两个$\Delta Q=4000\mathrm{m^3/s}$,在升船机上闸首处引起的水位波动会相互抵消一部分。以此可作为减小波动的措施之一。

两次调节的波动同时到达升船机上闸首,即$\Delta t_0=0\mathrm{min}$。根据同频率波动叠加原理,当错开时间为$\pm nT$(n为非负整数)时,波高会出现较大幅度的叠加。当错开时间为$(\pm n+0.5)T$(n为非负整数)时,波高则会出现最大幅度的抵消。

即当错开时间为$0\mathrm{min}$(此时$n=0$),波动叠加;当错开时间为$9.5\mathrm{min}$(此时$n=0$),波动抵消。

为此设定计算条件:电站应用流量$15000\mathrm{m^3/s}$。电站机组开启增负荷,总调节流量$\Delta Q=8000\mathrm{m^3/s}$,分两次调节。即机组$2\mathrm{min}$开启$\Delta Q=4000\mathrm{m^3/s}$,间隔一定时段,再按机组$2\mathrm{min}$开启$\Delta Q=4000\mathrm{m^3/s}$。间隔时间分别为$0$、$6$、$9.5$、$12$、$18$、$19$、$28.5$、$38$、$47.5$、$57$($\mathrm{min}$)。

2)引航道的波动

计算结果分别见图7.8-2~图7.8-5和表7.8-1。

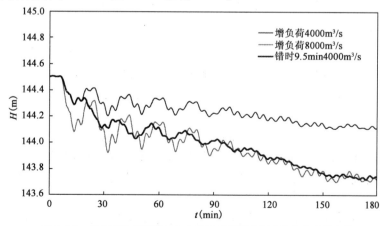

图7.8-2 机组增负荷错时$9.5\mathrm{min}$开启升船机上闸首处水位过程比较

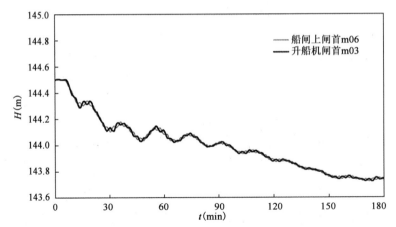

图 7.8-3　机组增负荷错时 9.5min 开启船闸、升船机闸首处水位过程比较

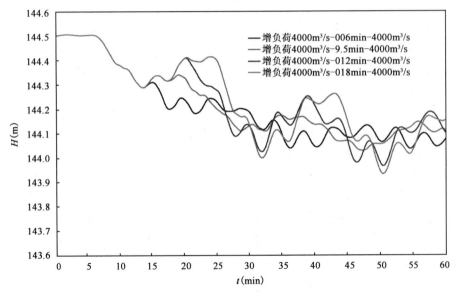

图 7.8-4　机组增负荷错时开启升船机闸首处水位随时间的变化过程

从图和表可看出:

(1)电站调节总流量 $\Delta Q = 8000\text{m}^3/\text{s}$,开始调节 180min 后,引航道水位的最大降低与错开时间无关。电站调节流量错开与否,引航道(从进口到船闸与升船机闸首处)的水位最大降低基本一致,说明影响引航道水位降低的主要因素是流量变化,总的流量不变,则水位降低也不会有大的改变。

(2)机组错时开启,对升船机与船闸闸首处的水位波高影响甚大。波动高度与错开时间有关,尤其当错开 6min、9.5min,升船机与船闸闸首处波高均降低了 50%。而错开时间 12min 时分别降低了 5% 和 23%。因此,拟选择 6min、9.5min 左右作为最佳错开时间。能有效减小波高值。

(3)比较错时 6min、9.5min 的水位波动,发现其最大波高值是一样的。但是错时 6min 在开启出现最大波高以后的时间段内,升船机前的水位波动明显比错时 9.5min 条件下的波动大。而且从图7.8-4可以看出,将错时6min的波高取为0.30m也是可以的。因此,错开时间还是以9.5min为佳。

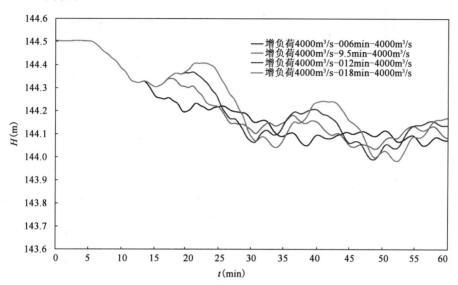

图 7.8-5　机组增负荷错时开启船闸闸首处水位随时间的变化过程

（4）升船机与船闸闸首处的水位波动过程和绝对值基本一致。

机组错时开启升船机与船闸水位最大波高　　　　表 7.8-1

错开时间	水位最大波高（m）	
（min）	升船机闸首	船闸闸首
0	0.42	0.39
6	0.22	0.21
9.5	0.22	0.21
12	0.32	0.30
18	0.41	0.37
19	0.35	0.35
28.5	0.21	0.20
38	0.30	0.28
47.5	0.25	0.23
∞	0.22	0.20

3）小结

根据机组增负荷错时开启试验结果,可知只要错开时间合适,前后两次的水位波动可以相互抵消一部分,从而达到抑制水位波动的目的。工程应用中,只要能够避免波动的相互叠加,就可以认为调度是合理的。机组2min开启 $\Delta Q = 4000 \, \text{m}^3/\text{s}$,错时运行,引航道端部的波动应该可以控制在0.22m以下,参见图7.8-6。

与船闸灌水类似,不利错开时间是 $nT, n = 0, 1, 2, \cdots$,最佳错开时间是 $(n + 0.5)T$。用波动叠加原理中的公式计算错开时间时，$\Delta t_0 = 0.0\text{min}$。

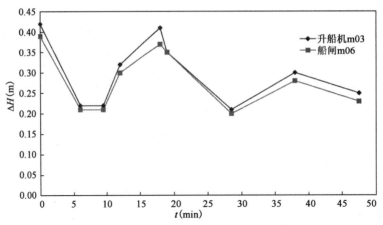

图 7.8-6　测点水位波动与双闸灌水错开时间的关系

因为电站机组开启增负荷，在引航道内升船机与船闸前的最大波高一般出现在开始时的水位降低，所以两次波动抵消后，最小值仍然不会小于单次开启的初始水位降低。

电站关闭减负荷的运行工况，同样遵循非恒定流运动规律。采取错时关闭的运转措施，同样能够达到抑制波高的目的。最佳错开时间同样是波动周期的 1/2。由于规律一致，限于篇幅不再赘述。

7.9　电站机组增负荷与双闸灌水错时运行工况计算

1）计算条件

首先分析双闸同时灌水与机组开启、关闭波动特性，以调节流量 $6000\text{m}^3/\text{s}$ 为例，见图 7.9-1。

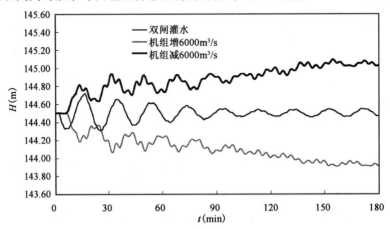

图 7.9-1　机组增负荷、减负荷与双闸灌水升船机上闸首 m03 水位过程比较

可见在升船机上闸首处，无论电站机组开启、关闭，还是双闸灌水，所引起的水位波动周期基本一致，约为 $T = 19\text{min}$。机组开启或关闭的波动相位是一致的，仅一正一反而已。而船闸灌水引起的波动则与机组开启或关闭的波动存在相位差。

由图 7.9-1 可知,在升船机上闸首处,船闸灌水形成的波动在相位上比电站机组开启增负荷形成的波动早约 6.5min,以船闸灌水为第一个波动,电站开启为第二个波动,则有 $\Delta t_0 = -6.5\text{min}$。

根据同频率波动叠加原理,当错开时间为 $t_{k2} - t_{k1} = \pm nT + \Delta t_0 = \pm nT - 6.5\text{min}$($n$ 为非负整数)时,波高会出现较大幅度的叠加。当错开时间为 $t_{k2} - t_{k1} = (\pm n + 0.5)T + \Delta t_0 = (\pm n + 0.5)T - 6.5\text{min}$($n$ 为非负整数)时,波高则会出现最大幅度的抵消。

即只要电站机组开启比船闸灌水迟约 12.5min(此时 $n=1$),两个波动会叠加,而迟约 3min(此时 $n=0$),两个波动会抵消。

电站应用流量 15000m^3/s,电站机组 2min 开启增负荷,调节流量选择 6000m^3/s。计算船闸双闸灌水与电站增负荷错时运行引航道的水力要素,设定错开时间 Δt 分别为 0、3、6、12、12.5、22、24、31.5、36、41、50(min)。

2)引航道水位波动

根据设定的计算条件,电站日调节与双闸同时灌水(灌水时间 14min),错开时间为 0 ~ 50min 联合运行,计算引航道典型测点的水位运动过程。

鉴于升船机(m03 测点)与船闸(m06 测点)波幅最大,故给出两处的水位波动过程,见图 7.9-2。

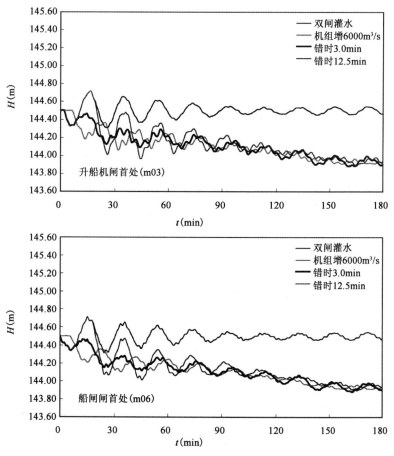

图 7.9-2　机组开启与双闸灌水联合运转水位波动过程

根据联合运转引航道各测点的水位运动过程,引航道水位受电站调节流量的影响,产生了水位下降,水位在下降过程中,又受到了双闸错开灌水时间的影响。

从图7.9-2看出,船闸上闸首处水位波动在相位上与升船机有微小的差别,在考虑波动的叠加或抵消时基本上可以忽略不计。工程上如果要减小波动,应该注意波动在各点的相位不同可能带来的影响。

表7.9-1是联合运转条件下引航道各测点的最大水位波高,从该表中取出升船机与船闸闸首处的最大波高,并点绘错开时间 $\Delta t \sim \Delta h_{max}$ 的关系,见图7.9-3。

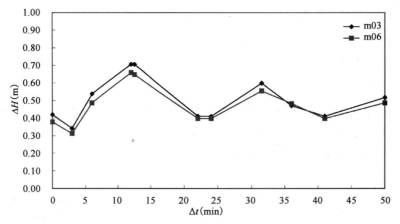

图7.9-3　电站机组增负荷与双闸灌水联合运转最大波高与错开时间的关系

机组增负荷与双闸灌水联合运转引航道内水位最大波高(m)　　　　表7.9-1

错开时间(min)		0	3	6	12	12.5	22	24	31.5	36	41	50
升船机	m03	0.419	0.341	0.537	0.706	0.706	0.41	0.409	0.598	0.47	0.41	0.516
船闸	m06	0.378	0.312	0.486	0.658	0.647	0.397	0.397	0.554	0.482	0.397	0.486

从图看出:水位最大波高与错开时间呈波动式下降趋势。原因是电站机组开启增负荷时,造成引航道水位的先降后升,而船闸灌水也是先降后升。由于两个波动周期基本一致,只要在一定相位条件下,两个波会产生叠加或抵消。

图7.9-2表明,为减小升船机上闸首测点波高,错开时间可控制为3min或24min左右。上述现象是在调节流量 $\Delta Q = 6000 \mathrm{m^3/s}$ 情况下的计算结果,若调节流量减小,则波幅也会减小。最小波高是最大波高的48.3%以下,说明了合理运转调度的效果显著。

总结规律为:船闸灌水以后,电站机组开启,以 T 表示船闸灌水的波动周期,当错开时间 $t_{k2} - t_{k1} = \pm nT + \Delta t_0 = \pm n \times 19 + 3.0(\mathrm{min})$($n$ 为非负整数)时,升船机上闸首波高小;当错开时间是 $t_{k2} - t_{k1} = (\pm n + 0.5)T + \Delta t_0 = (\pm n + 0.5) \times 19 + 3.0(\mathrm{min})$ 时,升船机上闸首波高大。

3)引航道过渡段的流速

各错开时间的引航道出口断面往复流最大正负流速,见表7.9-2。表中列出了进口过渡段流速最大的点 m10,以及口门区右侧可能出现最大横向流速的点 m12 两点各计算情况下的最大流速值。

机组增负荷与双闸灌水联合运转-错开时间与最大流速　　　　表7.9-2

测点	Δt(min)		0	3	6	12	12.5	22	24	31.5	36	41	50
m10	v_{xmax}	+	0.01	0.01	0.02	0.02	0.02	0.02	0.02	0.02	0.02	0.02	0.02
	(m/s)	−	0.01	0.01	0.02	0.02	0.02	0.02	0.02	0.02	0.02	0.02	0.02
	v_{ymax}	+	0.26	0.29	0.42	0.44	0.44	0.44	0.44	0.44	0.44	0.44	0.44
	(m/s)	−	0.27	0.22	0.36	0.56	0.55	0.32	0.32	0.47	0.32	0.32	0.42
m12	v_{xmax}	+	0.01	0.00	0.05	0.07	0.07	0.07	0.07	0.07	0.07	0.07	0.07
	(m/s)	−	0.13	0.12	0.16	0.19	0.19	0.10	0.13	0.17	0.15	0.10	0.16
	v_{ymax}	+	0.08	0.10	0.13	0.14	0.14	0.14	0.14	0.14	0.14	0.14	0.14
	(m/s)	−	0.09	0.07	0.13	0.19	0.19	0.10	0.10	0.16	0.10	0.10	0.13

可见,口门区横向流速最大约为0.018m/s,小于通航标准允许的0.3m/s,不会影响船舶正常进出引航道口门。过渡段纵向流速最大约为0.56m/s,小于通航标准允许的上限0.8m/s,大于通航标准允许的下限0.5m/s。

过渡段m10纵向流速随着错开时间不同而变化,与错开时间的变化过程见图7.9-4。从图可看出:流速的变化规律:当 $\Delta t = 0$min 时,$\pm v_{max}$ 最小;$\Delta t > 10$min,$+ v_{max}$ 为常数;当 $\Delta t = 12$min,$- v_{max}$ 出现最大值;当 $\Delta t > 20$min,v_{max} 在 0.56m/s 之内。且负流速的绝对值比正流速大。

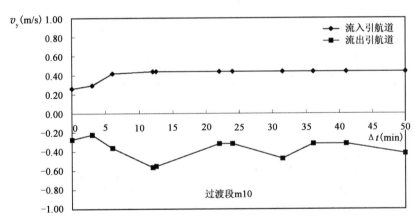

图7.9-4　纵向流速随错开时间变化曲线

口门区m12横向流速随着错开时间不同而变化,与错开时间的变化过程见图7.9-5。数据规律与m10基本一致,只是数值较小。按船闸输水系统设计规范的有关规定衡量,均不超标。图7.9-4、图7.9-5表明:船闸灌水以后,电站机组开启,以 T 表示船闸灌水的波动周期,当错开时间是 $nT + 3$min 时,流速小;当错开时间是 $(n + 0.5)T + 3$min 时,流速大。

错开时间12.5min过渡段流速会出现最大值,图7.9-6中①为错开时间12.5min测点m10流速随时间的变化,反映了水体流入、流出引航道的过程。图7.9-6中②为错开时间12.5min测点m12流速随时间的变化,反映了水体流入、流出引航道在口门区形成最大横向流速的过程。

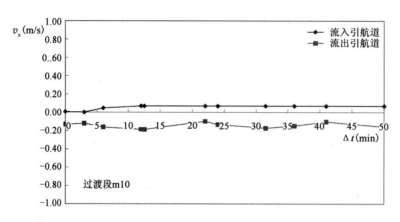

图 7.9-5　口门区 m12 横向流速随错开时间变化曲线

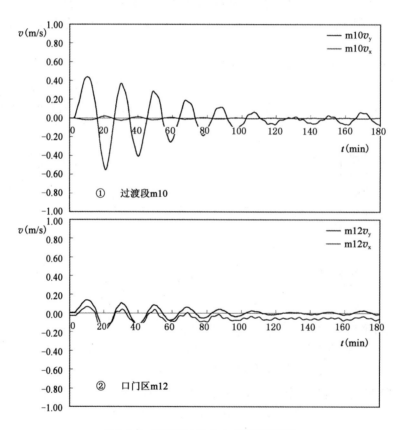

图 7.9-6　机组错时 12.5min 往复流速过程

4) 引航道内的水面比降

根据机组增负荷与双闸灌水联合运转水位波动过程资料,分析靠船墩 m07 ~ m08 与规则断面处 m09 ~ m10 测点瞬时水位最大差值,除以测点间距,得瞬时最大比降,见表 7.9-3。

以错开时间为横坐标,以正负比降为纵坐标,点绘比降与错开时间关系图,见图 7.9-7。

机组增负荷与双闸灌水错开时间与最大正(负)比降 j_{max}(‰)　　　　表 7.9-3

测点(情况)	Δt(min)	0	3	6	12	12.5	22	24	31.5	36	41	50
m08 – m07	+	0.0628	0.0451	0.0795	0.0795	0.0778	0.0451	0.0496	0.0760	0.0557	0.0496	0.0560
	−	0.0485	0.0458	0.0855	0.0855	0.0806	0.0553	0.0557	0.0771	0.0553	0.0722	0.0661
m10 – m09	+	0.1174	0.0901	0.1866	0.1866	0.1762	0.1096	0.1260	0.1905	0.1260	0.1260	0.1439
	−	0.1227	0.0971	0.2031	0.2031	0.2024	0.1374	0.1374	0.2057	0.1374	0.1374	0.1586

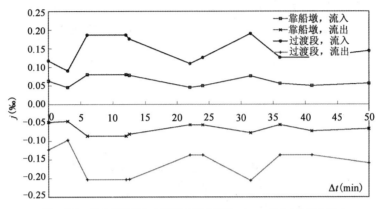

图 7.9-7　机组增负荷与双闸灌水联合运转 $\pm j_{max} = f(\Delta t)$ 关系曲线

从图看出:进口过渡段处的比降比靠船墩处大,原因是过渡段面积较小。船闸灌水以后,电站机组开启,以 T 表示船闸灌水的波动周期,当错开时间是 $nT + 3\min$ 时,比降小;当错开时间是 $(n+0.5)T + 3\min$ 时,比降略大。随错开时间增加,最大正负比降趋于常数。最大比降约为 0.21‰,不会影响船队的正常航行和停泊。

5)小结

根据以上计算分析,电站机组增负荷与双闸灌水联合运行,会在引航道内形成往复流。波高最大的地方仍然在升船机闸首和船闸闸首处。比降和流速的最大值则出现在引航道进口过渡段处。

电站日调节增负荷与船闸灌水引起的波动可以相互影响,形成波动的叠加或抵消。

船闸灌水以后,电站机组开启,以 T 表示船闸灌水的波动周期,当错开时间是 $nT + 3\min$ 时,测点波高、流速与比降较小;当错开时间是 $(n+0.5)T + 3\min$ 时,测点波高、流速与比降略大。为了消减升船机上闸首的波高,用波动叠加原理中的公式计算错开时间时,$\Delta t_0 = -6.5\min$。

因此,在联合运转条件下,选择合适的错开时间 $t = nT + 3\min$,可使波动抵消。

7.10　电站机组减负荷与双闸灌水错时运行工况计算

1)计算条件

先双闸同时灌水,然后等一定的时间,再进行电站机组关闭。由图 7.10-1 可知,在升船机上闸首处,船闸灌水形成的波动在相位上比电站机组关闭减负荷形成的波动晚约 3.0min。以船闸灌水为第一个波动,电站开启为第二个波动,则有 $\Delta t_0 = 3.0\mathrm{min}$。

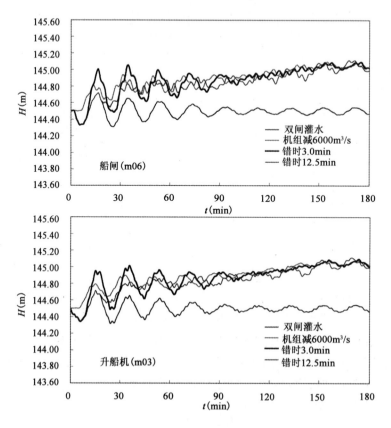

图 7.10-1　机组关闭与双闸灌水联合运转水位波动过程

根据同频率波动叠加原理,当错开时间为 $t_{k2} - t_{k1} = \pm nT - \Delta t_0 = \pm nT + 3.0\mathrm{min}$（$n$ 为非负整数）时,波高会出现较大幅度的叠加。当错开时间为 $t_{k2} - t_{k1} = (\pm n + 0.5)T - \Delta t_0 = (\pm n + 0.5)T + 3.0\mathrm{min}$（$n$ 为非负整数）时,波高则会出现最大幅度的抵消。

即只要电站机组关闭比船闸灌水迟约 3.0min（此时 $n = 0$）,两个波动会叠加,而迟约 12.5min（此时 $n = 0$）,两个波动会抵消。

电站应用流量 $Q = 15000\mathrm{m^3/s}$,机组 2min 关闭减负荷,调节流量 $\Delta Q = 6000\mathrm{m^3/s}$,计算船闸双闸灌水与电站减负荷错时运行引航道的水力要素,设定错开时间 Δt 分别为 0、3、6、12、12.5、22、24、31.5、36、41、50（min）。

2）引航道水位波动

电站机组 2min 关闭减负荷与双闸灌水联合运转的计算条件,引航道测点布置与机组 2min 开启增负荷完全相同,得到的认识也很接近,不过前者水位降低,后者则水位升高。电站机组减负荷会使引航道水位升高,规律性、趋势及有关认识与机组增负荷相同,只不过叠加了双闸同时灌水在引航道的波动。

这里绘出升船机（m03 测点）与船闸（m06 测点）,不同错开时间的水位波动过程,见图7.10-1。

水位与错开时间呈波动式上升趋势。原因是电站机组关闭减负荷时,造成的引航道水位变化总体是上升的,而船闸灌水是附加在上升趋势上的一个波动。由于两个波动周期基本一致,只要在一定相位条件下,两个波会产生叠加或抵消。

表7.10-1是机组减负荷与双闸灌水联合运转引航道内水位最大波高。升船机与船闸测点波高与错开时间的关系,见图7.10-2。

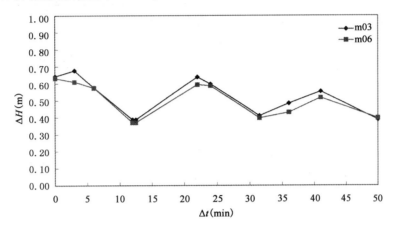

图7-10-2 电站机组减负荷与双闸灌水联合运转最大波高与错开时间的关系

机组减负荷与双闸灌水联合运转引航内测点水位最大波高(m) 表7.10-1

错开时间(min)		0	3	6	12	12.5	22	24	31.5	36	41	50
升船机	m03	0.643	0.677	0.575	0.388	0.388	0.639	0.597	0.41	0.483	0.553	0.388
船闸	m06	0.632	0.61	0.574	0.371	0.371	0.593	0.586	0.397	0.43	0.516	0.397

从图可以看出:曲线呈波动且逐渐减小的趋势,这是波动叠加与抵消的结果。图7.10-2表明,为减小波高,错开时间可控制为12.5min或31.5min左右。上述现象是在调节流量$\Delta Q = 6000 m^3/s$情况下的计算结果,若调节流量减小,则波高也会减小。

总结规律为:船闸灌水以后,电站机组关闭。以T表示船闸灌水的波动周期,当电站机组关闭错开时间是$nT + 3min$时,波高大;当错开时间是$(n+0.5)T + 3min$时,波高小。升船机处最小波高是最大波高的57.3%。

3)引航道过渡段的流速

不同错开时间时,进口过渡段m10、口门堤头附近m12的最大正负流速,见表7.10-2。

机组减负荷与双闸灌水联合运转—错开时间与最大正(负)流速 表7.10-2

测点	Δt(min)		0	3	6	12	12.5	22	24	31.5	36	41	50
m10	v_{xmax} (m/s)	+	0.02	0.02	0.01	0.00	0.01	0.02	0.02	0.02	0.02	0.02	0.02
		−	0.03	0.03	0.03	0.02	0.02	0.02	0.02	0.02	0.02	0.02	0.02
	v_{ymax} (m/s)	+	0.67	0.65	0.53	0.44	0.44	0.51	0.44	0.44	0.44	0.44	0.44
		−	0.37	0.39	0.33	0.11	0.11	0.32	0.32	0.32	0.32	0.32	0.32

测点	Δt(min)		0	3	6	12	12.5	22	24	31.5	36	41	50
m12	v_{xmax} (m/s)	+	0.15	0.17	0.15	0.07	0.07	0.14	0.13	0.07	0.11	0.13	0.07
		−	0.07	0.08	0.07	0.03	0.03	0.09	0.09	0.09	0.09	0.09	0.09
	v_{ymax} (m/s)	+	0.20	0.20	0.17	0.14	0.14	0.16	0.14	0.14	0.14	0.14	0.14
		−	0.12	0.14	0.11	0.03	0.04	0.11	0.10	0.10	0.10	0.10	0.10

点绘最大流速与错开时间的关系,见图7.10-3、图7.10-4。

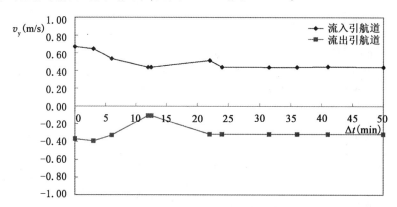

图7.10-3　过渡段m10纵向流速随错开时间变化曲线

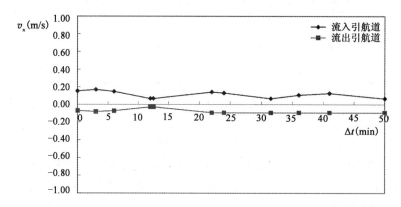

图7.10-4　口门区m12横向流速随错开时间变化曲线

从图大致亦可看出:船闸灌水以后,电站机组关闭。以 T 表示船闸灌水的波动周期,当电站机组关闭错开时间是 $nT+3$min 时,流速大;当错开时间是 $(n+0.5)T+3$min 时,流速小。

按船闸输水系统设计规范有关规定衡量,口门区流速均满足要求,过渡段流速则有偏大的情况,宜采取调度措施避免大的流速。

错开时间3min过渡段流速会出现最大值,图7.10-5中①为错开时间3min测点m10流速随时间的变化,反映了水体流入、流出引航道的过程。图7.10-5中②为错开时间3min测点m12流速随时间的变化,反映了水体流入、流出引航道在口门区形成最大横向流速的过程。

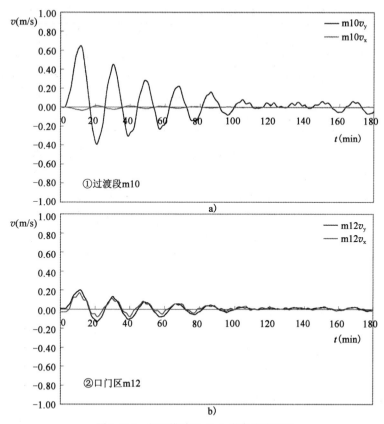

图 7.10-5　机组错时 12.5min 往复流速过程

4）引航道内的水面比降

根据联合运转水位波动过程,分析靠船墩与规则断面处测点的瞬时水位最大差值,除以测点间距,得瞬时最大比降,见表 7.10-3。点绘最大比降与错开时间的关系,见图 7.10-6。从图看出:比降的基本规律及有关认识与机组增负荷相仿,规则断面的比降比靠船墩大,靠船墩处的比降折算比降力很小,不会影响船舶(队)停泊。同样规则断面处的比降阻力,也不会影响船队的航行条件。

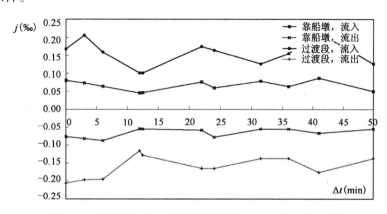

图 7.10-6　机组减负荷与双闸灌水联合运转 $\pm j_{max}$ 与 $f(\Delta t)$ 关系曲线

机组间负荷与双闸灌水联合运转-错开时间与最大正(负)比降 j_{max}(‰)　　　表7.10-3

测点(情况)	Δt(min)	0	3	6	12	12.5	22	24	31.5	36	41	50
m08 − m07	+	0.0801	0.0731	0.0637	0.0451	0.0463	0.0758	0.0596	0.0782	0.0634	0.0867	0.0496
	−	0.0765	0.0820	0.0874	0.0552	0.0553	0.0585	0.0780	0.0553	0.0553	0.0669	0.0553
m10 − m09	+	0.1678	0.2059	0.1591	0.1008	0.1008	0.1747	0.1644	0.1260	0.1550	0.2130	0.1260
		0.2060	0.1962	0.1948	0.1156	0.1281	0.1646	0.1647	0.1374	0.1374	0.1758	0.1374

以错开时间为横坐标,以正负比降为纵坐标,点绘比降与错开时间关系图,见图7.10-6。

与机组增负荷的情况相比较,产生正负比降往复运动的趋势则相反。从图看出:进口过渡段处的比降比靠船墩处大,原因是过渡段面积较小。船闸灌水以后,电站机组关闭,以 T 表示船闸灌水的波动周期,当错开时间是 $nT+3\text{min}$ 时,比降大;当错开时间是 $(n+0.5)T+3\text{min}$ 时,比降略小。随错开时间增加,最大正负比降趋于常数。最大比降约为0.21‰,不会影响船队的正常航行和停泊。

5)小结

电站日调节减负荷与船闸灌水联合运转,调节流量造成河道与引航道水流条件的变化,而船闸灌水产生引航道的波流运动,两者交融在一起,造成水流的相互干扰,波系的叠加或抵消,所以引航道的水流条件比单一的日调节和船闸灌水复杂。

机组减负荷与双闸灌水联合运转,升船机(船闸)处的水位变幅最大,是控制条件。联合运转时,错开时间不同,会产生波的叠加或抵消。

在调节流量6000m³/s联合运转条件下,船闸灌水以后,电站机组关闭,以 T 表示船闸灌水的波动周期,当错开时间是 $nT+3\text{min}$ 时,波高、流速、比降较大;当错开时间是 $(n+0.5)T+3\text{min}$ 时,波高、流速、比降较小。为了消减升船机上闸首的波高,用波动叠加原理中的公式计算错开时间时,$\Delta t_0 = 3.0\text{min}$。

7.11　导航隔流堤开口工况计算

1)计算条件

电站枢纽上游河道与船闸引航道水位,在日调节与船闸灌水时,按一定的周期升高或降低。由于引航道端部封闭,水流波动在传递过程中,在封闭端部会产生波的反射和叠加,因此在升船机和船闸闸首处的水位波幅最大,该波动的波峰或波谷总是比导航墙外侧河道水位低或高。为了减小引航道内的水位波幅,试验了在引航道根部导航隔流堤上开口。当引航道水位高时,部分流量会通过开口从引航道流出,反之则流进,从而抑制引航导的波动,降低闸首处的波幅。以此作为减小升船机波幅的工程措施。

开孔方法:开孔位置距大坝约200m,从堆石堤开始,约103m范围内,开52个口,孔口敞开,总宽度52m,孔底高程+130.0m。

计算条件:在导航堤开口前提下,进行双闸灌水与机组2min开启增负荷(调节流量6000m³/s)错开12min和双闸灌水与机组2min关闭减负荷(调节流量6000m³/s)。

2) 引航道的水位波动

计算结果见表7.11-1,同时将导航隔流堤开口与否的水位最大波高进行比较,见表7.11-2。从表看出:在升船机或船闸附近,导航隔流堤开口,能减小水位最大波高值的50%~70%,效果十分显著。

导航隔流堤开口升船机与船闸闸首处水位最大波高与水位最大升降   表7.11-1

机 组	运 转 方 式	水位最大波高(m)		水位最大升降(m)	
		升船机	船闸	升船机	船闸
增负荷	双闸同时灌水与电站日调节错开12min	0.222	0.315	−0.574	−0.572
减负荷	双闸同时灌水与电站日调节同时运转	0.167	0.268	0.563	0.58

导航隔流堤开口与否升船机和船闸闸首处水位波高比较   表7.11-2

机 组	运 转 方 式	水位波高值(m)			
		导航隔流堤			
		未开口		开口	
		升船机	船闸	升船机	船闸
增负荷	双闸同时灌水与电站日调节错开12min	0.706	0.660	0.222	0.315
减负荷	双闸同时灌水与电站日调节同时运转	0.657	0.606	0.167	0.268

图7.11-1、图7.11-2,为双闸同时灌水,电站机组错后12min开启,流量增加6000m³/s,升船机m03、船闸m10在导堤开口前后的水位波动过程比较。

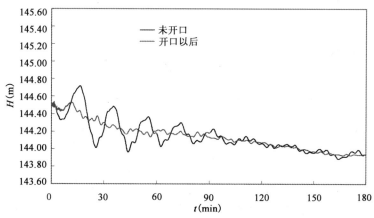

图7.11-1 增负荷开口前后升船机m03水位变化过程比较

图7.11-3、图7.11-4,为双闸同时灌水,电站机组错后0min关闭,流量减小6000m³/s,升船机m03、船闸m10在导堤开口前后的水位波动过程比较。

可见,开口以后引航道内波动高度明显减小。离开口较近的升船机上闸首减幅最大,稍远的船闸上闸首处波动高度也有明显的降低。

3) 引航道的流速变化

由于波高减小,所以引航道内比降也会减小,不会出现更不利的情况。因此只对引航道内流速变化进行考察。

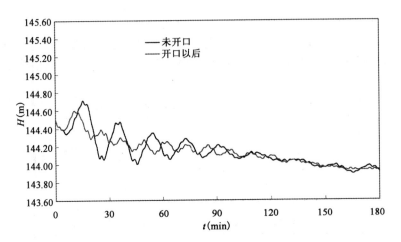

图 7.11-2　增负荷开口前后船闸 m10 水位变化过程比较

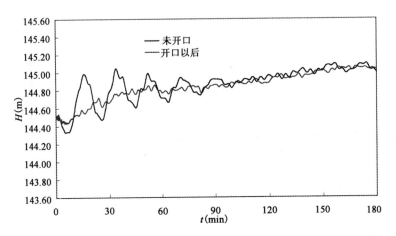

图 7.11-3　减负荷开口前后升船机 m03 水位变化过程比较

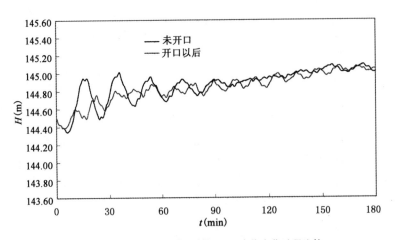

图 7.11-4　减负荷开口前后船闸 m10 水位变化过程比较

双闸同时灌水,电站机组错后 12min 开启,流量增加 $6000m^3/s$,过渡段流速变化见图 7.11-5。开口以后,过渡段流速大幅度减小。升船机上闸首上游 m04 测点流速变化见图 7.11-6,开口以后,纵向流速增加到约 $0.15m/s$,横向流速增加到约 $0.02m/s$。

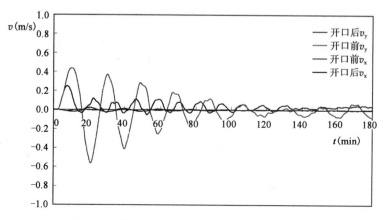

图 7.11-5　增负荷开口前后船闸 m10 流速变化过程比较

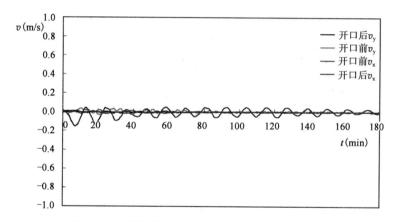

图 7.11-6　增负荷开口前后船闸 m04 流速变化过程比较

双闸同时灌水,电站机组错后 0min 关闭,流量减小 $6000m^3/s$,升船机 m04、船闸 m10 在导堤开口前后的流速过程比较,见图 7.11-7、图 7.11-8。

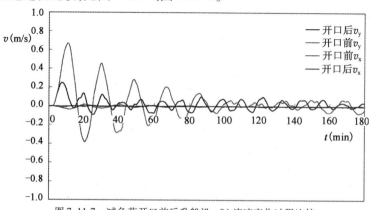

图 7.11-7　减负荷开口前后升船机 m04 流速变化过程比较

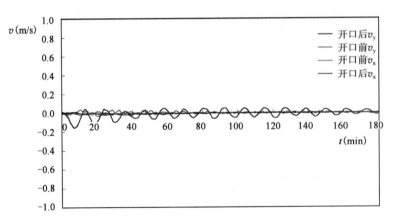

图 7.11-8　减负荷开口前后船闸 m10 流速变化过程比较

开口以后,m04 流速不会影响通航条件。

4)小结

在导航隔流堤根部开口,由于堤外侧水位较稳定,而船闸和升船机闸首处存在周期性的波动,当船闸和升船机闸首处水位高时水体会通过开口处流出,反之外部水体则流入,从而可平抑引航道内的水位波动。从波动的角度理解,在减小波动本身的同时,还减小了长波在引航道端部的反射率,从而进一步减小了波动。虽然措施很简单,但是效果十分显著,可作为减小波动的工程措施,也可为类似工程参考。鉴于导堤上开口效果与开口位置、形式、大小等均有密切关系,具体应用可根据具体工程进行多方面的优化计算。

7.12　本章小结

利用 delft 3D 三维水流数学模型研究了三峡枢纽运行初期船闸灌水、电站日调节及两者联合运转在坝区及上游引航道形成的非恒定流动。

研究表明:

(1)船闸灌水非恒定流在上游引航道产生长波运动,最大波高发生在升船机、船闸闸首处,波高值与最大瞬时流量、引航道尺度、阀开启时间、灌水时间等因素有关。双闸同时灌水,引航道水位波幅、比降、流速比单闸大。双闸同时灌水,引航道内比降与流速不会影响船舶(队)停泊与航行。但是升船机上闸首波高最大到 0.40m,需采取改善措施。

(2)电站日调节机组开启在库区形成负波,水体流出上游引航道,电站机组关闭在库区形成正波,水体流入上游引航道。两种运转方式均在河道及引航道形成非恒定流运动。最大波高发生在升船机和船闸闸首处,最大流速和比降发生在引航道进口过渡段。最大横向流速发生在口门区右侧。河道水位则表现为下降或上升。各水力要素与调节流量基本呈线性关系。计算条件下,引航道比降与流速不会影响船舶(队)停泊与航行,但是升船机上闸首波高在调节流量 8000m³/s,最大达 0.42m,需采取改善措施。

(3)电站机组负荷与双闸同时灌水联合运行,在上游引航道产生周期性的长波运动,引航道端部波高最大。在调节流量 6000m³/s 条件下,引航道内流速、比降最大值不会超过通航标准。但是此时引航道端部的波高最大约0.41m,此波动对升船机的安全运转构成不利影响,须采取措施,使该值减小。

(4)电站日调节减负荷与双闸同时灌水联合运转,在上游引航道产生周期性的长波运动,引航道端部波高最大,引航道的水流条件比单一的日调节和船闸灌水加剧。引航道内比降不会影响船舶(队)的航行条件。在调节流量6000m³/s条件下,引航道出口断面的流速最大约0.7m/s,基本满足规范纵向流速≤0.5~0.8m/s的规定。引航道端部的波高最大约0.66m,此波动对船闸和升船机的安全运转均构成不利影响。因此须采取一定的改善措施。

(5)计算条件下,船闸灌水、电站日调节以及两者联合运转,均在上游引航道形成周期性的水位波动,且最大波高均在引航道端部发生,波动周期均约为19min。因此可以利用同频率波动叠加原理,减小引航道内的波高,改善引航道内的水流条件。

(6)船闸错时灌水,以T表示船闸灌水的波动周期,不利错开时间是$nT,n=0,1,2,\cdots$,最佳错开时间是$(n+0.5)T$。错开9.5min,相当于半个波动周期的时间,船闸灌水在升船机、船闸闸首处的波动大幅度抵消,升船机与船闸闸首处的波高,约为0.12m。

(7)机组增负荷错时开启,与船闸灌水类似,不利错开时间是$nT,n=0,1,2,\cdots$,最佳错开时间是$(n+0.5)T$。当机组分两批错开9.5min运行,升船机与船闸闸首处波高均降低约50%。

(8)电站日调节增负荷与船闸灌水的波动可以相互叠加或抵消。当错开时间(电站机组开启滞后的时间)是$nT+3$min时,测点波高、流速与比降较小;当错开时间是$(n+0.5)T+3$min时,测点波高、流速与比降略大。计算条件下,不同错开时间,升船机最小波高约为最大波高的48.3%。

(9)机组减负荷与双闸灌水联合运转时,选择合适的错开时间,可使波动减小。当错开时间是$nT+3$min时,波高、流速、比降较大;当错开时间是$(n+0.5)T+3$min时,波高、流速、比降较小。计算条件下,不同错开时间,升船机最小波高约为最大波高的57.3%。

(10)在导航隔流堤根部开口,计算条件下,在升船机或船闸附近,能减小水位最大波幅值的50%~70%,效果十分显著。该措施简单,但效果显著,可作为减小波动的工程措施,也可为类似工程的参考。

(11)研究得到了电站机组、船闸灌水组合运转的最不利情况和减小波高的方法,可用于指导枢纽运转调度。具体应用需要在枢纽和上游建立水位、流速、流量等自动测量装置,实时监测上游来水和枢纽运转情况,通过现场模型实时预测引航道内的长波运动,计算出船闸灌水、电站机组开启或关闭的最有利时机。

第8章 三峡枢纽上游非恒定流原型观测

8.1 观 测 目 的

枢纽运行初期的地形条件下,汛期上游水位低,水库蓄水运用时,受枢纽泄洪河道主流摆动、电站日调节和船闸灌水非恒定流的影响,会在船闸引航道内产生往复波流运动。引航道内水位形成周期性的升降波动,尤其是在几种组合的共同作用下,造成不利于船舶(队)航行的影响。主要影响:一是影响引航道水深,二是影响船舶(队)航行与停泊,三是影响船闸与升船机的正常运行。为此进行"三峡枢纽运行初期非恒定流运动规律和上游引航道通航水流条件改善措施的研究",并以数学模型的数值计算为主要手段,分别研究电站日调节、船闸灌水及两者联合运行条件下的通航水流条件及其超标情况下的改善措施。为了验证数模的结果,给数模以定量的概念,进行了船闸上游引航道水位波动观测,以获取引航道水位波动基本资料,分析波动规律及波动特性,为船舶进出引航道及船闸(升船机)安全运转提供依据。

三峡水库按分期蓄水运行,正常运行期水位175m,在每年的5月末6月初水库水位需降至防洪限制水位145m,该水位从6月中旬保持至9月底,只有当入库流量超过下游河道安全泄流量时,水库才拦洪蓄水,洪峰过后库水位仍降至145m。10月至次年5月期间,水库水位保持在175m,当入库流量低于电站保证出力的流量要求时,动用调节库容,库水位开始下降,但不得低于145m。

8.2 观测内容方法

8.2.1 观测内容

(1)水位观测点8个,分别布置在升船机前、船闸前、靠船墩、大坝前、堤头等处(个别点位稍作调整),观测间隔1s,观测时间48h,测量精度至0.01m。

(2)测流点1个,布置在堤头内侧,观测时间50h,观测间隔3s,层间隔为1m。

(3)连续48h记录双闸运转情况、南线与北线船闸、船舶进出闸室、人字闸门开启时间、输水阀门开启时间等。

(4)目测引航道内及口门处船舶(队)航行及船行波情况。

8.2.2 测点位置

测点布置:在引航道内外侧共布置8个水位测点,引航道内4个测点,分别为升船机闸首处布置1#,船闸闸首处布置2#,靠船墩处布置3#,导航隔流堤堤头布置4#;引航道外侧河道 4 个测点，分别为挡水坝坝前处布置 5#，导航隔流堤外侧，距大坝 1000m 布置 6#，引航道口门区对岸码头处布置 7#，引航道口门上游九岭山处布置 8#。在引航道等断面中点，距堤头约 200m 处布置流速测点 9#。水位与流速测点布置见图 8.2-1。水位与流速测点的坐标见表 8.2-1。

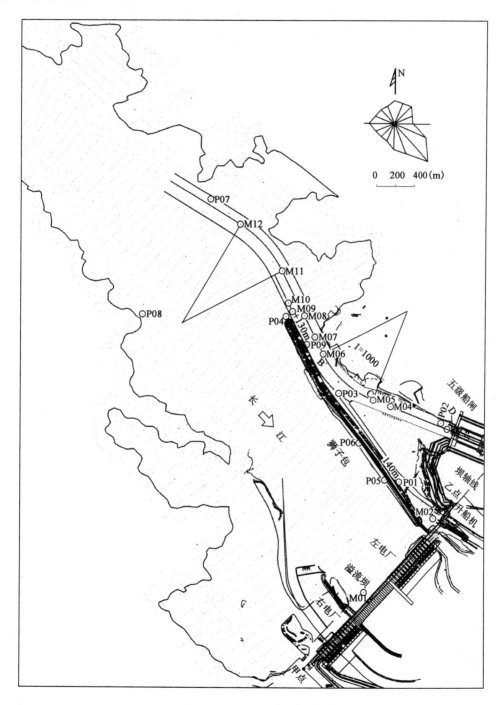

图 8.2-1　水位与流速测点布置

水位和流速测点的坐标 表 8.2-1

测点位置	WGS84 坐标		北京 54 坐标(3°带)	
1#(升船机闸首附近)	111°00′20.5″	30°50′05.0″	3412650.313	500544.779
2#(船闸闸首附近)	111°00′38°.1″	30°50′25.4″	3413278.592	501012.433
3#(引航道内靠船墩处)	110°59′54.7″	30°50′34.8″	3413568.030	499859.167
4#(导航堤堤头处)	110°59′38.5″	30°50′57.9″	3414279.440	499428.733
5#(挡水坝坝前处)	111°00′18.0″	30°50′06.6″	3412699.584	500478.341
6#(导航堤外侧)	111°00′06.7″	30°50′19.5″	3413096.847	500178.042
7#(引航道口门区对岸码头处)	110°59′04.5″	30°51′41.6″	3415625.328	498525.520
8#(引航道口门前九岭山处)	110°58′37.4″	30°51′02.3″	3414415.154	497805.300
9#(引航道等断面中点处)	110°59′43.7″	30°50′52.1″	3414100.815	499566.893
大坝拐点	111°00′14.4″	30°50′11.1″	3412838.164	500382.668

8.2.3 仪器设备

(1)GPS 定位仪,定位精度 10m。

(2)COMPACT-TDATD-HG 自容式小型深度仪。采用半导体水压传感器,测深范围达 25 ~ 200m,精度为测量范围的 1/65000,测量间隔可设 1s。

(3)RBRTGR – 2050 自记式潮位仪。测量精度为满量程的 0.05%、分辨率为满量程的 0.001%。

(4)Nortek"浪龙"声学多普勒剖面流速仪。应用水深 0 ~ 30m,从仪器至水面可分 128 层的剖面流速。速度范围 10m/s,精度为测量值的 1% 或 0.5cm/s、频率 1s 至几小时。

8.2.4 测量方法

(1)水位观测仪器:①在使用前按要求设置采样间隔为 1s,平均时间为 1s。②投放前用毛巾裹住压力传感器探头,以防泥沙阻塞,然后将仪器放入沙袋中用石块夹住,以防仪器晃动,并要求仪器不露出水面,最后将仪器系绳绑于固定位置。在仪器观测的同时,在三峡大坝水尺处采用人工观测实际水位值(大坝基面),以便对仪器观测值进行改正。

(2)流速流向"浪龙"仪器:①在放置前采用专用软件将采样间隔设置为 3s,层厚 1m。②仪器固定在专用的具有万向轴支架上,将支架缓慢放入测点处水流中。待仪器平稳到底后将系绳绑在固定物体上。

(3)对应于设定的观测起始至终止时间,记录该时间段内南线、北线船闸的船舶(队)进出船闸时间,人字闸门启闭时间,输水阀门开启时间等。

8.3 观测成果与分析

8.3.1 观测成果

南线船闸供船舶(队)下行,船舶进闸时间、人字闸门开启或关闭时间,输水阀开启时间,上游水位、闸室水位等成果,见表8.3-1。

北线船闸供船舶(队)上行,阀门开启时间、人字闸门启闭时间、船舶(队)开始进闸时间、上游水位、闸室水位等成果,见表8.3-2。

观测时段内入库流量与下泄流量,见表8.3-1与表8.3-2。

引航道内水位波动随时间过程线(包含1#~4#测点),见图8.3-1a),其中3#测点由于仪器故障,由断断续续的线连接而成,仅供参考。

引航道外侧(河道中)水位波动随时间过程线(包含5#~8#测点),见图8.3-1b)。

引航道内流向、流速随时间过程线,见图8.3-1c)。

引航道内船行波情况资料,见图8.3-1a)中4#测点。

8.3.2　双线船闸运行情况

2007年9月9日14时至9月11日14时,48h南线北线船闸的运转资料见表8.3-1和表8.3-2,将该资料整理,分别得到船舶下行(南线)、上行(北线)船闸运转的水位、输水时间等基本数据,见表8.3-3、表8.3-4;得到船舶上下行各闸次灌水开始时间、灌水时间与灌水结束时间,见表8.3-5。

(1)船舶(队)下行(南线船闸)基本情况:

上游引航道水位在144.61~145.02m之间变化,变幅0.41m,平均上游水位144.85m;闸室水位125.39~125.67m之间变化,变幅0.28m,平均闸室水位125.52m;水位差在19.09~19.53m之间变化,变幅0.44m,平均水位差19.34m。

阀门开启时间t_v在2.4~4.67min之间变化,其中21组资料的t_v在3.97~4.67min,相差0.7min,只有三组资料的t_v在2.4~2.77min之间,可能这三组阀门未全开,导致输水时间较长。

人字闸门启闭时间在3.97~4.58min之间变化,平均4.2min。

船舶(队)进闸室时间,差别较大,短的只需21.54min,长的要125.17min,其中进闸时间大于50min的4次,21.54~50min之间的20次,平均进闸时间35.57min,总的平均进闸时间42.96min。

从以上基本情况看,上游水位、闸室水位、水位差变化不大,阀门与人字闸门启闭时间变化也不大,唯船舶(队)进闸时间相对差别要大一些。

由船舶(队)进闸→关第一闸首人字闸门时间→调平第二闸室水位,开第二闸首人字闸门时间→船舶(队)出闸→关第二闸首人字闸门→开第一闸首人字闸门。每一闸次总时间约为2h。

(2)船舶(队)上行(北线船闸)基本情况:

上游引航道水位在144.74~144.98m之间变化,变幅0.24m,平均上游水位144.83m;闸室水位在125.38~125.69m之间变化;变幅0.31m,平均闸室水位125.54m;水位差在19.13~19.48m之间变化,变幅0.35m,平均水位差19.29m。

阀门开启时间t_v在4.03~4.57min之间变化,变幅0.54min,平均$t_v=4.29$min。

人字闸门启闭时间在2.3~3.33min之间变化,变幅1.03min,平均启闭时间2.8min。人字闸门的启闭时间不固定,有的长,有的短,变幅稍大。

表 8.3-1

船舶下行（南线船闸）闸首设备运行时间（2007年9月9日14:00～9月11日14:00）

日期	运行闸次	船舶开始进闸时间	人字闸门关门时间	人字闸门关门结束时间	阀门开始时间	阀门结束时间	人字闸门开始开门时间	上游水位（m）	闸室水（m）	入库流（m³/s）	下泄流量（m³/s）
9.9	12	14:40	15:07:59	15:12:16	15:55:06	15:59:26	16:09:38	145.01	125.48	22700	
	13	16:20	16:41:31	16:45:33	17:24:39	17:29:00	17:39:14	144.70	125.44		
9.10	1	17:50	18:39:26	18:43:24	19:29:20	19:33:34	19:44:02	144.75	125.39		
	2	19:50	20:15:28	20:19:26	20:57:21	21:01:37	21:11:45	145.02	125.51		
	3	21:30	22:06:38	22:10:34	22:50:58	22:55:18	23:05:04	144.61	125.52		
	4	23:10	23:47:02	23:51:06	00:42:29	00:46:43	00:56:31	144.77	125.45		
	5	1:00	01:44:00	01:48:04	02:31:10	02:35:26	02:45:18	144.65	125.47		
	6	3:00	03:46:44	03:50:48	04:32:29	04:36:43	04:46:43	144.77	125.48		
	7	4:55	06:07:20	06:11:30	06:53:40	06:57:56	07:07:58	144.81	125.45		
	8	7:15	07:52:28	07:56:32	08:36:23	08:40:43	08:50:28	144.85	125.43	24800	24000
	9	9:00	09:32:09	09:36:20	10:16:38	10:20:58	10:31:06	144.86	125.46		
	10	10:40	11:03:04	11:07:11	11:43:16	11:47:16	11:57:56	144.86	125.45		
	11	12:10	12:43:57	12:48:20	13:29:02	13:33:18	13:43:10	144.82	125.41		
	12	14:00	14:44:52	14:49:00	15:25:56	15:30:10	15:42:40	144.93	125.48		
	13	17:00	17:33:04	17:37:02	18:13:24	18:17:50	18:27:30	144.94	125.55		
9.11	1	18:35	19:17:20	19:21:56	20:00:31	20:05:05	20:14:47	144.90	125.57		
	2	21:25	21:09:06	21:13:12	21:57:06	22:01:04	22:11:38	145.00	125.62		
	3	22:30	23:40:40	23:45:04	00:31:30	00:35:50	00:45:16	144.90	125.48		
	4	2:00	2:51:38	2:55:54	3:36:09	3:40:23	3:49:51	144.89	125.51		
	5	4:00	6:05:10	6:09:26	6:52:16	6:56:36	7:06:38	144.96	125.59		
	6	7:15	7:44:06	7:48:21	8:24:32	8:29:12	8:38:36	144.83	125.66		
	7	8:50	9:26:17	9:30:52	10:35:40	10:38:26	10:46:12	144.87	125.67		
	8	11:05	11:24:13	11:28:41	12:17:08	12:15:32	12:39:04	144.89	125.65		
	9	12:45	13:28:20	13:32:40	14:25:56	14:28:28	14:47:16	144.89	125.66		

船舶上行（北线船闸）闸首设备运行时间（2007 年 9 月 9 日 14：00～9 月 11 日 14：00）

表 8.3-2

日期（月、日）	运行闸次	阀门开始时间	阀门结束时间	人字闸门开始开门时间	人字闸门结束开门时间	船泊开始出闸时间	上游水位（m）	闸室水位（m）	入库流量（m³/s）	下泄流量（m³/s）
9.9	13	14:01:22	14:05:37	14:16:18	14:19:01	14:20	144.74	125.39	22700	24000
	14	15:36:14	15:40:29	15:51:10	15:53:55	15:55	144.75	125.42		
	15	16:49:13	16:53:28	17:04:16	17:07:01	17:10	144.82	125.40	22700	
	16	17:59:13	18:03:28	18:14:06	18:16:51	18:20	144.86	125.38		
	17	19:09:48	19:14:03	19:25:02	19:27:47	19:30	144.83	125.46		
	1	21:21:46	21:26:00	21:36:26	21:39:11	21:40	144.86	125.43		
	2	23:24:09	23:28:22	23:39:09	23:41:54	21:42	144.93	125.46		
9.10	3	00:56:23	01:00:35	01:11:18	01:14:03	01:15	144.85	125.49		
	4	02:26:15	02:30:27	02:41:15	02:44:00	02:45	144.84	125.54		
	5	03:40:57	03:45:08	03:55:52	03:58:57	04:00	144.77	125.50		
	6	04:48:51	04:53:15	05:04:04	05:06:49	05:10	144.74	125.53		
	7	06:05:42	06:09:53	06:20:35	06:23:20	06:25	144.79	125.60		
	8	07:51:54	07:56:05	08:06:46	08:09:31	08:10	144.84	125.54		
	9	09:46:04	09:50:16	10:10:58	10:03:43	10:05	144.84	125.54	24800	
	10	11:43:43	11:47:58	11:58:50	12:01:33	12:02	144.81	125.55		
	11	13:50:57	13:55:12	14:05:52	14:08:36	14:10	144.87	125.55		
	12	15:16:14	15:20:30	15:31:04	15:33:50	15:35	144.29	125.43		

续上表

日期 (月、日)	运行闸次	阀门开始 时间	阀门结束 时间	人字闸门开始 开门时间	人字闸门开门 结束时间	船泊开始 出闸时间	上游水位 (m)	闸室水位 (m)	入库流量 (m³/s)	下泄流量 (m³/s)
9.10	13	16:36:14	16:40:40	16:50:55	16:53:49	16:55	144.89	125.57	24800	24000
	14	18:01:52	18:06:06	18:16:38	18:19:34	18:23	144.90	125.60		
	15	19:16:48	19:21:01	18:31:33	19:34:22	19:35	144.84	125.59		
9.11	1	21:20:03	21:24:16	21:34:38	21:37:48	21:39	144.74	125.57		
	2	23:45:32	23:49:58	0:00:31	0:03:20	00:05	144.84	125.61		
	3	0:50:46	0:55:20	1:05:45	1:08:43	1:00	144.75	125.62		
	4	1:59:28	2:04:02	2:14:52	2:17:10	2:20	144.92	125.63		
	5	3:28:40	3:33:10	3:43:22	3:46:22	3:50	144.76	125.57		
	6	4:47:23	4:51:41	05:02:00	05:04:57	5:05	144.83	125.57		
	7	6:35:39	6:40:35	6:50:52	6:54:12	6:55	144.98	125.61		
	8	08:55:26	08:11:46	09:10:03	09:12:45	09:17	144.86	125.62		
	9	10:25:56	10:29:58	10:40:44	10:43:34	10:44	144.82	125.63		
	10	11:34:57	11:39:06	11:49:54	11:52:36	11:53	144.82	125.62	25900	25600
	11	13:28:11	13:32:26	13:43:04	13:45:44	13:46	144.82	125.69		

表 8.3-3

船舶下行（南线船闸）水位、输水时间等基本数据

日期 （年月日）	运行闸次 编号	船舶进闸闸门 开启时间（h）	船舶进闸 总时间（min）	人字闸门启闭 时间（min）	阀门开启 时间（min）	灌水时间 （min）	上游水位 （m）	闸室水位 （m）	水位差 （m）
2007 年 9 月 9 日	12	14.67	27.78	4.29	4.33	14.53	145.01	125.48	19.53
	13	16.33	21.54	4.02	4.35	14.58	144.70	125.44	19.26
	1	17.83	49.43	3.97	4.23	14.70	144.75	125.39	19.36
	2	19.83	25.80	3.97	4.26	14.40	145.02	125.51	19.51
	3	21.5	36.63	3.97	4.33	14.13	144.61	125.52	19.09
	4	23.17	36.03	4.07	4.23	14.03	144.77	125.45	19.32
	5	1.00	44.00	4.07	4.27	14.13	144.65	125.47	19.18
	6	3.00	46.73	4.07	4.23	14.23	144.77	125.48	19.29
	7	4.92	72.13	4.17	4.27	14.34	144.81	125.45	19.36
	8	7.25	37.22	4.07	4.33	14.08	144.85	125.43	19.42
9 月 10 日	9	9.00	32.15	4.18	4.33	14.47	144.86	125.46	19.40
	10	10.67	23.11	4.12	4.00	14.67	144.86	125.45	19.41
	11	12.17	33.78	4.38	4.27	14.13	144.82	125.41	19.41
	12	14.00	44.87	4.13	4.23	16.73	144.93	125.48	19.45
	13	17.00	33.07	3.97	4.43	14.10	144.94	125.55	19.39
	11	18.58	42.34	4.60	4.57	14.27	144.90	125.57	19.33

续上表

日期 (年月日)	运行闸次 编号	船舶进闸闸门 开启时间(h)	船舶进闸 总时间(min)	人字闸门启闭 时间(min)	阀门开启 时间(min)	灌水时间 (min)	上游水位 (m)	闸室水位 (m)	水位差 (m)
9月10日	2	20.42	43.9	4.10	3.97	14.54	145.00	125.62	19.38
	3	22.50	70.67	4.40	4.33	13.77	144.90	125.48	19.42
	4	2.00	51.63	4.27	4.23	13.70	144.89	125.51	19.38
	5	4.00	125.17	4.27	4.33	14.37	144.96	125.59	19.37
9月11日	6	7.25	29.25	4.25	4.67	14.07	144.83	125.66	19.17
	7	8.83	36.28	4.58	2.77	10.53	144.87	125.67	19.20
	8	11.08	24.13	4.47	2.40	21.33	144.89	125.65	19.24
	9	12.75	43.33	4.33	2.53	21.33	144.89	125.66	19.23
Σ24闸次			21.54 –	3.97 –	2.40 –	10.53 –	144.61 –	125.39 –	19.09 –
			42.96	4.20	4.08	14.82	144.85	125.52	19.34

船舶上行（北线船闸）水位、输水时间等基本数据

表8.3-4

日期（年月日）	运行闸次编号	上游水位（m）	闸室水位（m）	水位差（m）	阀门开启时间（min）	人字闸门门启闭时间（min）	灌水时间（min）	船舶开始出闸时间（h）
2007年9月9日	13	144.74	125.39	19.35	4.25	2.72	14.93	14.33
	14	144.75	125.42	19.33	4.25	2.75	14.93	15.92
	15	144.82	125.40	19.42	4.25	2.75	15.05	17.16
	16	144.86	125.38	19.48	4.25	2.75	14.88	18.33
	17	144.83	125.46	19.37	4.25	2.75	15.23	19.50
	1	144.86	125.43	19.43	4.23	2.75	14.67	21.67
	2	144.93	125.46	19.47	4.22	2.75	15.00	23.70
10日	3	144.85	125.49	19.36	4.20	2.75	14.92	1.25
	4	144.84	125.54	19.30	4.20	2.75	15.00	2.75
	5	144.77	125.50	19.27	4.18	3.08	14.92	4.00
	6	144.74	125.53	19.21	4.30	2.75	15.12	5.17
	7	144.79	125.60	19.19	4.18	2.75	14.88	6.42
	8	144.84	125.54	19.30	4.18	2.75	14.87	8.17
	9	144.84	125.54	19.30	4.20	2.75	14.90	10.08
	10	144.81	125.55	19.26	4.25	2.72	15.12	12.03
	11	144.87	125.55	19.32	4.25	2.73	14.92	14.17
	12	144.79	125.43	19.36	4.27	2.77	14.83	15.58
	13	144.89	125.57	19.32	4.43	2.90	14.68	16.92
	14	144.90	125.60	19.30	4.23	2.93	14.77	18.38
	15	144.84	125.59	19.25	4.22	2.82	14.75	19.58
	1	144.74	125.57	19.17	4.22	2.83	14.92	21.65

续上表

日期 （年月日）	运行闸次 编号	上游水位 （m）	闸室水位 （m）	水位差 （m）	阀门开启 时间（min）	人字闸门启闭 时间（min）	灌水时间 （min）	船舶开始出闸 时间（h）
11日	2	144.94	125.61	19.33	4.43	2.82	14.98	0.08
	3	144.75	125.62	19.13	4.57	2.97	14.98	1.17
	4	144.92	125.63	19.29	4.57	2.30	15.40	2.33
	5	144.76	125.57	19.19	4.50	3.00	14.70	3.83
	6	144.83	125.57	19.26	4.30	2.95	14.62	5.08
	7	144.98	125.61	19.37	4.93	3.33	15.22	6.92
	8	144.86	125.62	19.24	4.33	2.70	14.62	9.28
	9	144.82	125.63	19.19	4.03	2.83	14.80	10.73
	10	144.82	125.62	19.20	4.15	2.70	14.95	11.88
	11	144.86	125.69	19.17	4.25	2.67	14.88	13.77
	Σ31	144.74 –	125.3 –	19.13 –	4.03 –	2.30 –	14.62 –	—
	平均	144.83	125.54	19.29	4.29	2.80	14.92	—

船舶上下行时各闸次灌水开始时间、灌水时间与灌水结束时间

表8.3-5

日期(月、日)		船舶下行				日期(月、日)		船舶上行			
	闸次编号	灌水开始时间(h)	灌水时间(min)	灌水结束时间(h)			闸次编号	灌水开始时间(h)	灌水时间(min)	灌水结束时间(h)
9月9日	12	15.92	14.53	16.16		9月9日	13	14.02	14.93	14.27
	13	17.41	14.58	17.65			14	15.60	15.60	15.85
	1	19.49	14.70	19.74			15	16.82	15.05	17.07
	2	20.96	14.40	21.20			16	17.99	14.88	18.24
	3	22.85	14.13	23.09			17	19.16	15.23	19.41
	4	0.71	14.03	0.94			1	21.36	14.67	21.60
	5	2.52	14.13	2.76			2	23.40	15.00	23.65
	6	4.54	14.23	4.78			3	0.94	14.92	1.19
	7	6.89	14.34	7.13			4	2.44	15.00	2.69
	8	8.61	14.08	8.84			5	3.68	14.92	3.93
9月10日	9	10.28	14.47	10.52		9月10日	6	4.82	15.12	5.07
	10	11.72	14.67	11.96			7	6.10	14.88	6.35
	11	13.48	14.13	13.72			8	7.87	14.87	8.12
	12	15.43	16.73	15.71			9	9.77	14.90	10.02
	13	18.22	14.10	18.46			10	11.73	15.12	11.98
	1	20.01	14.27	20.25			11	13.85	14.92	14.10
	2	21.95	14.54	22.19			12	15.27	14.83	15.52
	3	0.53	13.77	0.76			13	16.60	14.68	16.84
9月11日	4	3.60	13.70	3.83		9月11日	14	18.03	14.77	18.28
	5	6.87	14.37	7.11			15	19.28	0.75	19.53
	6	8.41	14.07	8.64			1	21.33	0.92	21.58
	7	10.59	10.53	10.77			2	23.76	0.98	24.01
	8	12.29	21.93	12.66			3	0.85	0.98	1.10
	9	14.43	21.33	14.79			4	1.99	15.40	2.25

船舶下行					船舶上行				
日期(月、日)	闸次编号	灌水开始时间(h)	灌水时间(min)	灌水结束时间(h)	日期(月、日)	闸次编号	灌水开始时间(h)	灌水时间(min)	灌水结束时间(h)
					9月11日	5	3.48	14.70	3.73
						6	4.79	0.62	5.03
						7	6.59	15.22	6.84
	Σ24		10.53~21.93			8	8.92	14.62	9.16
						9	10.34	14.80	10.68
						10	11.58	14.95	11.83
						11	13.47	14.98	13.72
						Σ31		14.62-15.4	
	平均		14.82			平均		14.92	

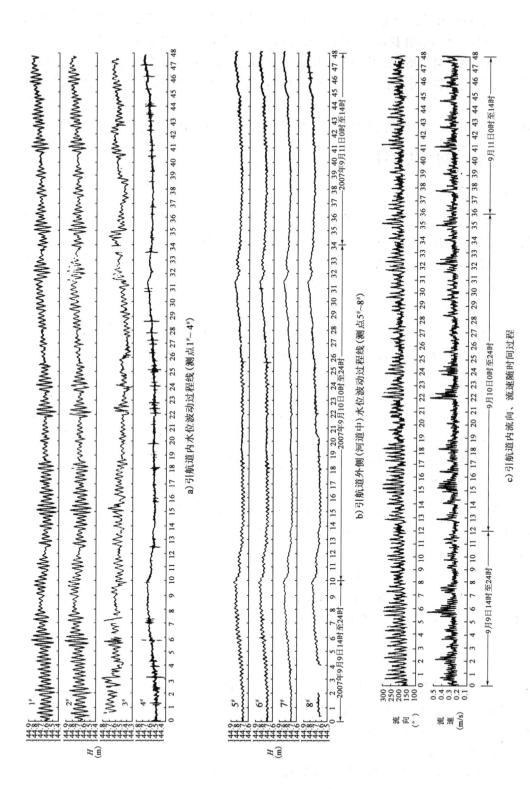

图8.3-1　三峡工程双线连续五级船闸上游引航道内外侧水位波动过程线

（3）从以上基本情况看，船舶（队）上行，各闸次的上游水位、闸室水位、阀门开启时间与船舶（队）下行基本一致；而阀门启闭时间不很稳定；人字闸门启闭时间比船舶下行短1.4min。

由第一闸室调平第二闸室水位→第二闸室人字闸门开启→船舶（队）出闸→关第二闸首人字闸门→开第三闸首人字闸门→船舶（队）进闸→关第三闸首人字闸门，每一个闸次的总时间约1.55h。

从两天船舶（队）的进出的闸次来看，船舶（队）出闸时间比进闸速度快。

8.3.3　船闸输水水力计算

1）输水最大瞬时流量计算

鉴于船闸运转时，各闸次的水位差、阀门开启时间及灌水时间，相对而言，变化不大。因此，计算输水最大瞬时流量时，用统计得到的平均水位差、阀门启闭时间和灌水时间，分船舶上行与下行，计算输水最大瞬时流量，即

$$Q_{\max} = 8k_{\mathrm{p}}C\Delta H(1 - k_{\mathrm{v}})/T(2 - k_{\mathrm{v}})^2 \qquad (8.3\text{-}1)$$

$$k_{\mathrm{v}} = t_{\mathrm{v}}/T \qquad (8.3\text{-}2)$$

式中：k_{p} 为考虑到流量系数为非线性变化的校正系数，取0.99；C 为闸室水域面积（m^2）；ΔH 为水位差（m）；t_{v} 为阀门开启时间（s）；T 为输水时间（s）；k_{v} 为阀门开启时间与输水时间之比。

船舶（队）下行：

$$Q_{\max} = 8 \times 0.99 \times 19.34 \times 10438(1 - 0.275)/14.82 \times 60(2 - 0.275)^2 = 438.09\mathrm{m}^3/\mathrm{s}$$

船舶（队）上行：

$$Q_{\max} = 8 \times 0.99 \times 19.29 \times 0.0438(1 - 0.288)/14.92460(2 - 0.288)^2 = 432.5\mathrm{m}^3/\mathrm{s}$$

2）求流量系数 μ 与 μ_{n}

（1）船舶上行（南线闸）：已知船闸水头 $H = 19.29\mathrm{m}$，灌水时间 $T = 14.92\mathrm{min}$，阀门面积 $\omega = 37.8\mathrm{m}^2$，闸室水域面积 $C = 10438\mathrm{m}^2$，最大瞬时流量 $Q_{\max} = 432.5\mathrm{m}^3/\mathrm{s}$，由下式反求阀门全开后输水系统的流量系数 μ：

$$\mu = \left[CQ_{\max}/(k_{\mathrm{p}}\omega^2 g(1 - k_{\mathrm{v}})T)\right]^{0.5}$$

$$\mu = \left[432.5 \times 10438/(0.99 \times 37.8^2 \times 9.81(1 - 0.288) \times 14.92 \times 60)\right]^{0.5} = 0.715$$

μ_{n} 则根据反弧形阀门各开度的阻力系数和输水系统的阻力系数，相加后开平方的倒数求得，即

$$n = (0.1、0.2、0.3、0.4、0.5、0.6、0.7、0.8、0.9、1.0)，$$

μ_{n} 分别为 0.0824、0.162、0.227、0.312、0.410、0.509、0.591、0.646、0.679、0.715。

（2）船舶下行（北线闸）：已知船闸水头 $H = 19.34\mathrm{m}$，灌水时间 $T = 14.82\mathrm{min}$，阀门面积 $\omega = 37.8\mathrm{m}^2$，闸室水域面积 $C = 10438\mathrm{m}^2$，最大瞬时流量 $Q_{\max} = 438.09\mathrm{m}^3/\mathrm{s}$，阀门开启时间 $t_{\mathrm{v}} = 4.08\mathrm{min}$。得阀门全开后输水系统的流量导数 μ：

$$\mu = \left[438.09 \times 10438/(0.99 \times 37.8^2 \times 9.81(1 - 0.275) \times 14.82 \times 60)\right]^{0.5} = 0.715$$

南北二线船闸阀门全开启输水系统的流量系数相同，则 μ_{n} 也相同。

3）求水位 $H = f(t)$ 和 $Q = f(t)$ 关系曲线

根据《船闸输水系统设计规范》中阀门开度 n 与阻力系数 ξ_{vn}、闸室尺度、水位差、阀门面积等数据，计算闸室灌水时 $H = f(t)$ 和 $Q = f(t)$。考虑到惯性超高已通过开启方式给予消除，故计算时忽略了阀门开启过程中的惯性水头影响。计算结果见图 8.3-2。

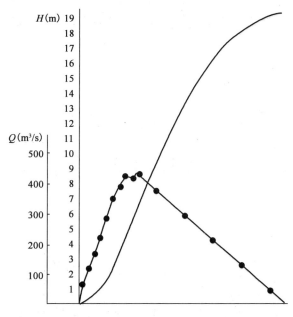

图 8.3-2　船闸灌水 $H = f(t)$、$Q = f(t)$ 关系曲线

4）引航道水位随时间的变化

据三峡船闸双闸运转基本资料（表 8.3-1、表 8.3-2），以每一闸次出现的时间为横坐标，以上游水位为纵坐标，得到船舶（队）下行（南线闸）、上行（北线闸）和双闸运行的闸次（或时间）与上游水位的关系图[图 8.3-3（1）（2）（3）]。从图看出，不论是单闸还是双闸，水位与时间的关系杂乱无章，没有规律，看不出船闸灌水在引航道产生长波运动的形态。原因分析应是数据不具备连续性，只是某一闸或某一时间的水位。当水位连续观测时，水位具有瞬时性和连续性，则可以反映出长波运动的波动特性，详见引航道内水位波动一节。

8.3.4　引航道内水位波动

观测表明，船闸灌水时，在引航道内将发生流量随时间变化的非恒定流，这种非恒定流所形成的长波运动，将使引航道水面产生周期性的升高或降低。图 8.3-4 是引航道靠近船闸闸首 2# 测点，于 2007 年 9 月 9 日 14 时至 22 时的水位波动过程线。波动周期 18.5min，每个周期内水面要上升和下降一次。波动周期与幅度与船闸灌水流量、引航道水面宽度、水深等因素有关。由于三峡上游引航道断面不规则，引航道底高程也不一致，故存在波动的变形。

船闸运转时的灌水方式有单闸灌水、双闸错开灌水和双闸同时灌水，不同灌水方式会影响输水流量和水位波动。单闸与双闸错开灌水输水最大瞬时流量 $Q = 435.3\,\mathrm{m^3/s}$，双闸同时灌水时，部分流量相叠加，流量在 $435.3 \sim 870\,\mathrm{m^3/s}$ 之间变化。

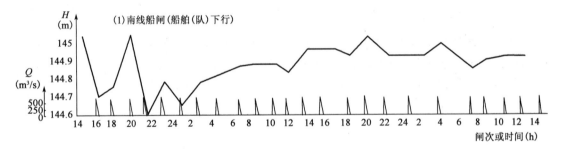

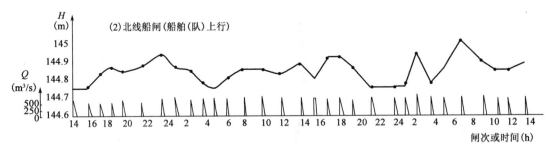

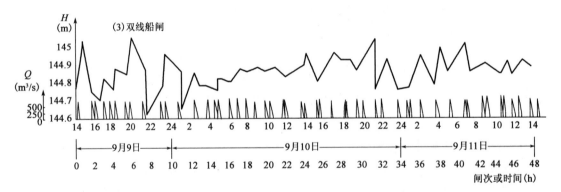

图 8.3-3　单闸与双闸输水时引航道水位与各闸次流量随时间变化过程

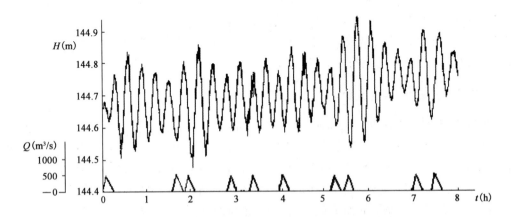

图 8.3-4　船闸上闸首 2# 测点 9 月 9 日 14 时至 22 时水位波动过程线

　　根据 48h 连续观测结果 [图 8.3-1a)]，统计了引航道内水位波动范围、平均波动值与最大波动值，见表 8.3-6。表中：T 为灌水时间；t 为间隔时间。

当单闸灌水时,最大流量435.3m³/s,间隔时间21.0～80.4min,波高值0.17～0.33m,平均0.22m。当双闸错开灌水时,流量仍为435.3m³/s,错开时间0～18min,水位波高与错开时间成反比,见图8.3-5,波高值0.22～0.42m,平均0.29m。当双闸同时灌水,流量叠加后 $Q =$ 435.3～850m³/s,叠加时间1.2～7.2min,波高值与流量成正比,见图8.3-6。图中3、4、6三组叠加后流量比单闸流量增加不多,近似单闸,只有1、2、5三组叠加流量比单闸流量大,该流量时波高值0.18～0.39m,平均0.27m。

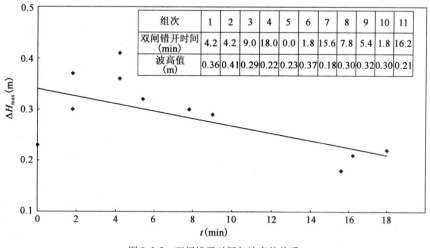

组次	1	2	3	4	5	6	7	8	9	10	11
双闸错开时间(min)	4.2	4.2	9.0	18.0	0.0	1.8	15.6	7.8	5.4	1.8	16.2
波高值(m)	0.36	0.41	0.29	0.22	0.23	0.37	0.18	0.30	0.32	0.30	0.21

图8.3-5　双闸错开时间与波高的关系

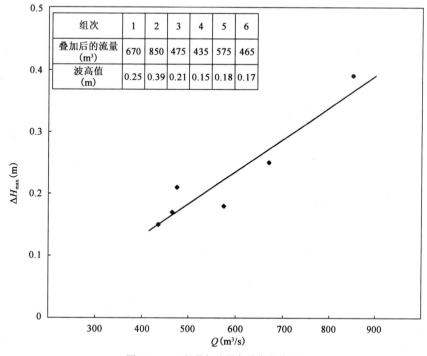

组次	1	2	3	4	5	6
叠加后的流量(m³)	670	850	475	435	575	465
波高值(m)	0.25	0.39	0.21	0.15	0.18	0.17

图8.3-6　双闸叠加流量与波高的关系

从理论上讲,船闸灌水非恒定流在引航道产生的长波波高与流量有关,波高随流量增加而加大,而此次观测结果并不尽然,原因可能是波动受到抵消,导致了波动高度减小。

不同灌水方式时引航道内水位波动统计值　　　　　　　　　　表 8.3-6

灌水方式	单闸灌水	双闸错开灌水	双闸同时灌水
运转次数(次)	21	11	6
间隔时间 t(h)	0.35 ~ 1.34	0 ~ 0.3	0.02 ~ 0.12
运转图示			
船闸与升船机闸首处波动范围(m)	0.17 ~ 0.33	0.18 ~ 0.42	0.18 ~ 0.39
波动最大值(m)	0.33	0.42	0.39
波动平均幅值(m)	0.22	0.29	0.27

引航道水位有如下特点:①船闸与升船机闸首处水位测点波动周期、形态与波动绝对值基本一致。②水位波动最大值发生在船闸与升船机闸首处,至引航道出口,波动值逐步减小。③在引航道出口船闸灌泄水非恒定流长波波动较小,对航行影响不大,而该处的船行波是主要特征,会对小型船舶的航行和停泊产生影响。

原观测得的波动周期 18.5min 与淤积平衡地形的波动周期 28.5min 不同。原因是水库运行初期坝前水深远大于淤积平衡地形,并且引航道底高程为 130m,淤积平衡地形为 140m,导致运行初期波速较快,波动周期较短。

目前难于获得双线船闸停航条件下,引航道水位波动资料,船闸停航涉及经济效益,倘若利用双线船闸的检修期间,观测引航道的水位波动是有可能的,应等待机会进行该项工作。

8.3.5 引航道外侧河道水位波动

在导航堤外侧河道的坝前、导航堤外侧、对岸码头及九岭山处布置测点,观测水位波动。受船闸灌水非恒定流的影响,除在引航道内产生长波运动,该长波出引航道口门后,绕过导航堤堤头,向导航堤外侧、坝前、对岸码头及上游九岭山方向传递。

水位波动周期与引航道中周期相同,为 18.5min。水位波动形态受河床地形、河道边界的影响,主要水域面积宽阔,波动幅度减小,见表 8.3-7。从表看出引航道外侧河道的波动范围 0.03 ~ 0.12m,一般为 0.07m,最大波幅 0.12m,远比引航道船闸、升船机闸首处波动小,对船舶航行没有影响。

引航道外侧河道测点的水位波动值(m)　　　　　　　　　　表 8.3-7

测点位置	坝前 5#	堤外侧 6#	对岸码头 7#	九岭山 8#
水位波动幅值范围	0.03 ~ 0.09	0.03 ~ 0.12	0.03 ~ 0.06	0.02 ~ 0.09
水位波动一般幅值	0.06 ~ 0.07	0.06 ~ 0.07	0.040	0.04
波动最大幅值	0.09	0.12	0.06	0.09

水位波动基本不受河道水位涨落的影响,图8.3-7是坝前水位5#测点,于2007年9月9日14时至22时时段内水位过程线,从图看出,水位波动按自身的规律运动,不受水位涨落的影响。

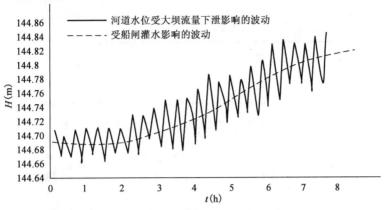

图8.3-7 坝前5#测点水位波动过程线

在河道中,受大坝泄流影响,有一个水面升降运动,见图8.3-1b),波周期较长约21.5h,为引航道灌水波动周期的70倍,这个长周期波动影响引航道水位,而灌水非恒定流的长波是在这个长周期波的基础上传递的,如图8.3-7所示。

8.3.6 引航道往复流

选择引航道中断面较规则的500m长度范围内,距堤头约200m处布置流速测点,该测点的坐标见表8.3-1和表8.3-2。观测从2007年9月9日14时开至9月11日14时,与水位测点同步,连续观测48h的流速和流向[见图8.3-1c)],这里整理出水面以下5m处流速和流向,取出9月9日14时至22时的测点流向和流速随时间的变化过程,及升船机闸首处相应的水位波动过程,见图8.3-8。从图看出:①流速与水位波动过程的周期基本同步,流速大水位波动亦大,反之则小。②流向在0~360°之间,以180°为轴线,有正有负往返运动。③流速存有脉动,尚不很稳定,图中的流速是一个方向的,要与流向结合起来看,说明引航道内有往复波流运动。

8.3.7 引航道船行波

过闸船舶最小300t,最大5000t,其中500~800t船舶(队)居多,占整个船舶总量的40%~50%,300t船舶占总量的8%左右,1000~2000t船舶25%,其余船舶为300t与5000t。

船舶(队)在引航道中航行,航速是不固定的,且驶出比驶进快,驶进时在口门附近船速较大接近2.0m/s,进入引航道一半时航速约1m/s左右,由靠船墩进闸室时航速约0.6m/s左右。驶出口门时航速较大,航速达2.5m/s左右,在引航道中航行航速在1.5m/s左右。

船行波波高与水面宽度、水深、断面面积、船舯断面积、航速、船队排列形状等有关,是航速、断面系数、水深吃水比等的函数。船舶在引航道中航行的航速低,三峡上游引航道断面形状是沿程变化的,呈倒梯形,引航道出口断面小,靠近闸首断面大,所以在测点1#、2#、3#水位波动随时间变化曲线上,反映不出船行波(短波)波动痕迹,可认为船行波很小,对航行的其他船舶不会造成危害。在引航道出口处水面宽度与断面均较小,船舶航速在2.5m/s左右。经导航堤堤头 4# 测点 48h 的连续观测,船舶(队)下行 24 闸次,上行共 31 闸次,上下行共 55 闸次,在水位随时间变化的波动曲线上,统计短波波高,共发生 106 次船行波,将波动值按 4 档分类,见表 8.3-8。从表看出船行波高大部分为 0.1~0.3m,对小型船舶航行带来危险。又鉴于引航道口门位于太平溪码头前缘,船舶进出较频繁,船舶航行与引航道轴线相垂直,增加了船舶碰撞危险。建议大型船舶(队)在引航道出口处鸣笛,作警示作用。

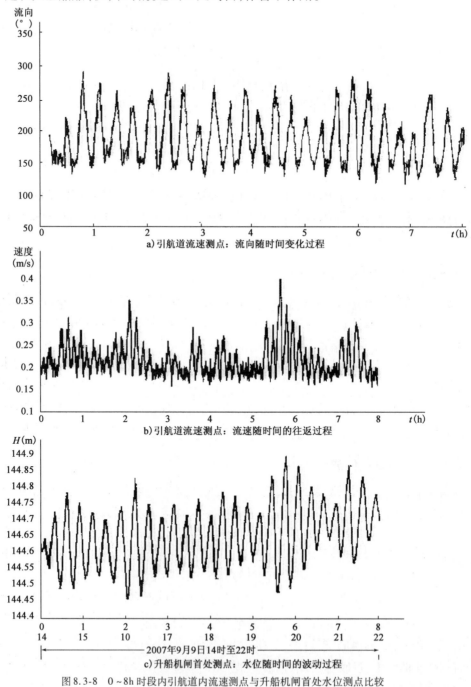

a) 引航道流速测点:流向随时间变化过程

b) 引航道流速测点:流速随时间的往返过程

c) 升船机闸首处测点:水位随时间的波动过程

图 8.3-8 0~8h 时段内引航道内流速测点与升船机闸首处水位测点比较

船行波不同波高与出现的次数 表8.3-8

船行波波高(m)	出现的次数(次)	占百分比(%)
$\Delta h < 0.1$	43	46
$0.1 \leq \Delta h < 0.2$	55	52
$0.2 \leq \Delta h < 0.3$	7	7
$0.3 \leq \Delta h < 0.35$	1	1

目前引航道底高程为130m,当淤积至140m高程时,断面积减小,水深吃水比增大,引航道出口处船行波的影响会加大,有关部分需引起注意。

8.3.8 大坝泄流与日调节

1)大坝泄流

分析引航道外侧河道5#~8#测点的水位波动过程线(图8.3-1b)),观测到在9月9日24h左右,坝上游河道有一周期较长的长波运动,波周期约21.5h,为船闸灌水造成引航道长波周期18.5min的70倍。波动幅度为0.15m左右。估计这个长周期波是大坝的一次泄流过程造成的。

2)入库流量与下泄流量

根据表8.3-1、表8.3-2资料,整理了9月9日14时至11日9时时段内,入库流量与下泄流量的情况,见表8.3-9,从表看出:

9月9日至11日的入库流量与下泄流量 表8.3-9

日　　期		入库流量(m³/s)	下泄流量(m³/s)
9月9日	14:01	22700	24000
	14:40	22700	—
	16:49	22700	—
9月10日	7:15	24800	24000
	9:46	24800	—
	16:36	24800	24000
9月11日	8:55	25900	25600

(1)9月9日从14时至9月10日7时51min,入库流量22700m³/s,下泄流量24000m³/s,入库流量小于下泄流量1300m³/s,水库水位呈下降趋势。

(2)9月10日从7:15至9月11日6:35分入库流量24800m³/s,下泄流量24000m³/s,入库流量大于下泄流量800m³/s,水库水值呈上升趋势。

(3)9月11日8:55至14h,入库流量25900m³/s,下泄流量25600m³/s,入库流量大于下泄流量300m³/s,水库水位应呈缓慢上升趋势。

3)关于电站日调节

引航道中的水位波动与电站的调峰是息息相关的,升船机(船闸)闸首处的波高与电站调节流量有关,即与电站机组增(减)负荷,机组延时开启(关闭)、机组错时开启(关闭),机组开

（关）与船闸联合运行等有关。尤其是机组开启增负荷与双闸灌联合运行，是控制条件，会影响引航道的水深，会影响船闸和升船机的运转。

分析引航道内外侧河道水位波动过程线（图 8.3-1），未观测到电站日调节非恒定流产生的正波或负波从口门处进入引航道，传递到船闸与升船机闸首处的波动。因此，电站机组在 9 月 9 日至 11 日 48h 内应该没有进行电站日调节。

8.4 本 章 小 结

（1）引航道水位受枢纽大坝泄水流量所产生的长波控制，该波周期 21.5h，最大波高约 0.15m。引航道内的水位波动受船闸灌水引起的非恒定流影响，流量在零与最大之间反复变化，在引航道内形成往复流动，该波动是在大坝泄水长波的基础上做上升与下降运动，波周期 0.308h，约为大坝泄水长波的七十分之一。

（2）南线与北线船闸连续运行 48h，计算得到南闸北闸的水力特征值，分别为：水头 19.29m 与 19.34m；输水时间 14.92min 与 14.82min；阀门开启时间 4.29min 与 4.08min；最大瞬时流量 432.5m³/s 与 438.09m³/s，平均为 435.3m³/s；流量系数均为 0.715。

（3）船闸灌水分单闸、双闸错开和双闸同时三种方式，由于灌水方式不同，从引航道取水的流量也不同，单闸与双闸错开最大流量为 435.3m³/s，双闸同时最大流量在 435.3～870m³/s 之间变化。

（4）引航道水位受船闸灌水非恒定流的影响，呈长波运动，有下列特点：①船闸与升船机闸首处的水位波动形态、周期及波动值基本一致。②船闸与升船机闸首处的水位波幅绝对值最大，至引航道口门，逐渐减小。③船闸灌水输水流量最大时，出现最大波高值，经 1～2 周期后，波高逐渐减小衰退。④单闸灌水水位波动范围 0.17～0.33m，平均值 0.22m。双闸错开灌水，波高值在错开时间 0～0.3h 范围内，与错开时间成反比，平均值 0.29m。双闸同时灌水波高值与叠加流量成正比，波动范围 0.18～0.39m，平均值 0.27m。⑤船闸与升船机闸首处的水位变幅均小于控制值 0.4m。

（5）引航道外侧河道水位波动受船闸灌水非恒定流的影响，波周期与引航道内周期相同，波高值受河道宽度影响绝对值变小，最大波高 0.12m，对船舶航行影响甚小。

（6）引航道中存有往复流，流速与波动同步。

（7）船行波发生在引航道出口处，波高值大部分在 0.1～0.3m，会对小船航行带来危害；引航道内船行波很小，可不予考虑；当引航道底高程淤至 140m 时，断面积减小，水深吃水比增大，出口处的船行波会加大，望有关部门引起注意。

（8）大坝泄流会影响水库水位。此次未观测到电站机组日调节引起的水位波动。

（9）原观测得的波动周期 18.5min，与淤积平衡后的波动周期 28.5min 相差 10min，原因是引航道底高程不同造成水深不同，导致波速差异所致。

（10）需要继续关注的问题：

①在双闸停航情况下的水位波动观测。②船闸与升船机闸首处水位波幅值已接近 0.4m，当船闸灌水与电站日调节联合运行时，波幅值会超过 0.4m，需引起注意。

第9章 有关问题的分析与认识

9.1 引航道水力要素的控制条件

三峡工程通航建筑物上游导航隔流堤为全包形式,隔流堤总长2678m。上游引航道由两段组成,一段是宽220m、长约450m的口门过渡段。该段为规则渠道,梯形断面,底宽180m,是船闸与升船机共用部分。另一段是面积约113万 m^2 的三角地带,呈不规则形状。船闸与升船机位于三角地带的底部,分别有各自的引航道。船闸引航道底高程为 +139m,升船机引航道底高程为 +140m。船闸与升船机在坝轴线上的交点相距1000m。船闸闸首至口门约2150m。引航道布置见图9.1-1。

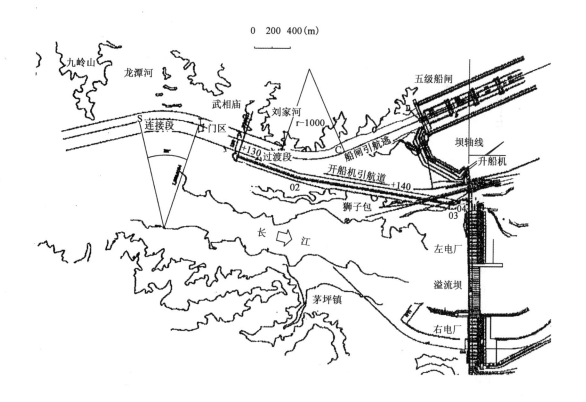

图 9.1-1　三峡工程通航建筑物上游引航道布置

引航道的形状特点决定了其水力要素的分布特点：①长波波高的最大值出现在船闸与升船机闸首处，该处会产生波的反射和叠加；②纵向流速与比降最大值出现在规则断面处，该处过流面积最小；③横向流速主要出现在导航隔流堤堤头处。当水流进出引航道时，该处水流流向与航线的夹角最大；④靠船墩处为水面开阔地带，流速、比降很小，不是控制条件；⑤另外，主河道有关位置测点的水力要素也可忽略。

不同淤积地形的物理模型研究与空库（原地形）数值计算结果与上述分析完全一致。

9.2　不同地形条件下船闸及升船机闸首处波高比较

把 70+6 年与 50+4 年淤积地形以及空库条件下的研究成果进行比较，列出电站机组不同运转方式船闸与升船机闸首处的长波波高值见表 9.2-1。

表中，70+6 年与 50+4 年淤积地形汛期上游水位 145.0m，空库地形汛期上游水位+144.5m，水位对波高的影响可以忽略。大坝泄流恒定流下泄流量为 5000~20000m³/s，电站日调节流量为 4400~7200m³/s。电站机组运转方式有机组增负荷与减负荷、机组延时开启与关闭、机组错开 12min 开启与关闭、机组开启与关闭的船闸灌水联合运行、机组甩负荷、不同位置机组启闭等。

由表可见：

（1）不论是 70+6 年还是 50+4 年，电站机组运行方式中，机组增、减负荷，机组延时开启与关闭、机组甩负荷、机组不同位置关闭，闸首处的波幅值基本相同，在调节流量范围内，70+60 年 $\Delta H = \pm 0.94 \sim 0.99$m，50+4 年 $\Delta H = \pm 0.73 \sim 0.76$m，空库条件下，$\Delta H \leqslant 0.72$m。

（2）在电站机组运转组合中，电站机组错时 12min 开启或关闭能减少闸首处的波幅值，70+6 年 $\Delta H = \pm 0.64 \sim 0.85$m，50+4 年 $\Delta H = \pm 0.58 \sim 0.64$m，该运转方式可作为减小波幅值的一种措施。

（3）电站机组启、闭与船闸灌水联合运行，闸首处波高 70+6 年 $\Delta H = \pm 1.2 \sim 1.28$m，50+4 年 $\Delta H = \pm 0.92 \sim 0.98$m，该运转方式波高最大，是控制条件。

（4）船闸与升船机闸首处的水力要素，与日调节流量有关，而与大坝下泄流量无关。

（5）分析表 9.2-1 增负荷与减负荷对通航水流条件的影响，可认为：增负荷影响大，减负荷则影响小。增负荷时，引航道有效水深减小，增加了人字闸门的反向水头。减负荷时，恰恰相反，增加了引航道有效水深和人字闸门的正向水头。

（6）表中运转方式同为机组 2min 开启与船闸灌水联合运行和机组 2min 关闭与船闸灌水联合运行，船闸闸首处的最大波高，70+6 年淤积地形 $\Delta H_{max} = -1.2$m 和 1.28m；50+4 年淤积地形 $\Delta H_{max} = -0.92$m 和 0.98m；而空库地形 $\Delta H_{max} = -0.60$m 和 0.60m。这充分说明坝前库区地形对船闸闸首（含升船机）处波高影响程度。

表 9.2-1

电站机组不同运转方式船闸闸首处的长波波高值

坝前地形条件	电站机组运行工况	流量 Q (m^3/s)	调节流量 $\pm\Delta Q$ (m^3/s)	波高与调节流量的关系 $\pm\Delta H=f(\Delta Q)$ (m)	最大波高 $\pm\Delta H_{max}$ (m)
70+6 年淤积地形	机组增负荷（2min 开启）	5000～20000	4400～7200	$\Delta H=-1.37\times10^{-4}\Delta Q$	-0.99
	机组延时开启（0～6min）	10000	4400～7200	$\Delta H=-1.36\times10^{-4}\Delta Q$	-0.99
	机组错时开启（错时 12min）	15000	7134	—	-0.85
	机组 2min 开启与船闸灌水联合运行	10000	4400～7200	$\Delta H=-1.39\times10^{-4}\Delta Q+0.2$	-1.20
	机组减负荷 2min 关闭	5000～25000	-4400～-7200	$\Delta H=1.3\times10^{-4}\Delta Q$	0.94
	机组甩负荷	10000	-4400～-7200	$\Delta H=1.34\times10^{-4}\Delta Q$	0.96
	机组延时关闭（0～6min）	10000	-4400～-7200	$\Delta H=1.3\times10^{-4}\Delta Q$	0.94
	机组错时关闭（错时 12min）	25000	-6100	—	0.64
	机组 2min 关闭与船闸灌水联合运行	10000	-4400～-7200	$\Delta H=1.29\times10^{-4}\Delta Q+0.347$	1.28
50+4 年淤积地形	机组增负荷（2min 开启）	2800～20000	4400～7200	$\Delta H=-1.02\times10^{-4}\Delta Q$	-0.73
	机组延时开启（0～6min）	10000	4400～7200	$\Delta H=-1.03\times10^{-4}\Delta Q$	-0.74
	机组错时开启（错时 12min）	10000	4400～7200	$\Delta H=-8.39\times10^{-5}\Delta Q$	-0.64
	机组 2min 开启与船闸灌水联合运行	10000	4400～7200	$\Delta H=-(1.11\times10^{-4}\Delta Q+0.123)$	-0.92
	机组减负荷 2min 关闭	25000	-4400～-7200	$\Delta H=1.04\times10^{-4}\Delta Q$	0.75
	机组甩负荷	10000～25000	-2000～-8000	$\Delta H=1.05\times10^{-4}\Delta Q$	0.76
	机组延时关闭（0～6min）	20000	-4400～-7200	$\Delta H=1.03\times10^{-4}\Delta Q$	0.74
	机组错时关闭（错时 12min）	20000	-4400～-7200	$\Delta H=8.1\times10^{-5}\Delta Q$	0.58
	机组 2min 关闭与船闸灌水联合运行	20000	-1000～-6000	$\Delta H=(8.0\times10^{-5}\Delta Q+0.358)$	0.98
原地形（空库）	机组 2min 开启与船闸闸水联合运行	15000	1000～8000	$\Delta H=-1.0\times10^{-4}\Delta Q$	-0.72
	机组减负荷（2min 关闭）	15000	6000	—	-0.60
	机组 2min 开启与船闸灌水联合运行	15000	1000～8000	$\Delta H=0.97\times10^{-4}\Delta Q$	0.70
	机组 2min 关闭与船闸灌水联合运行	15000	6000	—	0.60

注：Q 为大坝恒定泄流流量；ΔQ 为日调节流量；ΔH 为船闸闸首处水面升高或降低；ΔH_{max} 为最大水面升高或降低，下降为负，升高为正。

9.3　长波对船闸人字闸门运转的影响

船闸人字门运转安全是船闸管理当中的重要问题。日调节非恒定流引起的引航道水体长周期波动是人们关心的重要影响因素之一。下面针对70 +6年淤积地形条件下的实验结果对这种波动的影响进行简单分析。

在电站机组多种运转方式中,只有电站机组开启"增负荷"会使船闸闸首处水面呈下降趋势。实验条件下,机组(2min)开启与机组延时开启,$\Delta H_{max} = 0.99$m;机组错时开启,$\Delta H_{max} = 0.85$m;机组(2min)开启与双船闸灌水联合运行,$\Delta H = 1.2$m。其中最不利情况是联合运行组合。

从引航道范围内瞬时水面线(比降)分析结果看出,电站机组(2min)开启后8.5min,负波从引航道口门传递到船闸闸首处,从8.5 ~ 22.5min的14min内,水位下降至最低,从22.5 ~ 37.0min,水位受惯性影响逐步回复抬高,完成了一个周期的升降运动,波周期为28.5min。在波周期的水位升降过程最大变率发生在13 ~ 14min,最大的平均变率发生在10 ~ 19min之间,变率为0.11m/min。

船闸闸首水位过程显示,8.5 ~ 22min的13.5min水面下降了1.2m。这里用第1级船闸的阀门面积 $\omega = 49.5$m²,闸室水域面积 $c = 10438$m²,计算阀门突然打开,水位差1.2m,需要调平的时间,计算时设流量系数 $\mu = 0.715$,则 $T = 2c\sqrt{H}/(\mu\omega\sqrt{2g}) = 146$s $= 2.43$min。

可见,灌水阀门全开条件下,调平闸室需要的时间(2.43min)远小于水面下降1.2m的时间(3.5min)。只要船闸的输水阀门全部打开,闸室水位会随引航道水位升降,在闸室不会形成过大的反向水头。但是,如果船闸人字闸门与输水阀门处于关闭状态,则会在人字闸门内外产生反向水头,这是不允许的。

9.4　引航道水流条件的改善措施综述

1)电站日调节时选择合适的调节流量

日调节工况的电站机组运转方有机组开启与关闭增(减)负荷,机组延时开启与关闭,机组错时开启与关闭,机组甩负荷,机组不同位置的开启与关闭等。机组开启或关闭会引起流量的增加或减小,流量的大小又会引起引航道水力要素的改变。因此波动的源头是流量的变化,它所引起水力要素的变化如果在允许范围内,就能够保证船舶航行安全。所以选择合适的调节流量是一种有效的改善措施。

试验已经得到了水库不同运行年份升船机与船闸闸首处波高与调节流量的关系。如果以升船机闸首处波高不大于0.4m、船闸闸首处波高不大于0.5m为标准,则可以针对不同的运行工况计算出日调节允许的调节流量。

引航道水深 h_0 是设计最低通航水位时引航道底宽内的最小水深,等于设计船舶(队)满载吃水 T_c 加富裕水深 ΔH,富裕水深需要包括船闸灌水时长波运动引起水位的降低。试验得到了电站日调节不同工况机组开启增负荷时的引航道水位降低 ΔH_{max} 与调节流量 ΔQ 的关系,可根据这些关系和允许的富裕水深选择合适的调节流量。

2)双闸运转方式优选

双线船闸的运转方式有三种组合,即双闸同时、错开和单闸灌水,对应的灌水流量依次减小。船闸灌水在引航道(尺度不变的条件下)产生的水力要素(水位升降、流速和比降)都是灌水流量的函数,双闸同时灌水流量最大,引航道的水力要素比其他运转方式都大。因此,应根据通航水流条件要求,选择单闸与双闸错开灌水的运转方式,以满足$\Delta H_{max} \leq 0.4m$的要求。

3)联合运转的优化

电站日调节与船闸灌水会出现单独运转和随机联合运转的多种组合,每种组合都有对应的引航道波高和流速。根据波动叠加和抵消原理,选择合适的联合运转方式,不失为改善引航道水流条件的有效措施之一。

4)导航隔流堤开口

电站枢纽上游河道在日调节与船闸灌水非恒定流运动中,主河道与船闸引航道水位受流量变化的影响,按一定的周期升高或降低。同时,由于引航道端部封闭,在升船机和船闸闸首处的波高要比主河道大。在引航道根部导航隔流堤上开孔以后,当引航道水位高,部分流量会通过开孔从引航道端部流出,反之则流进,从而降低闸首处的波高。导航隔流堤根部开孔,可以作为减小引航道水体波动的工程措施之一。

9.5 70+6年与50+4年地形的主要结论

通过三峡工程在70+6年与50+4年淤积地形条件下的电站汛期日调节水工模型试验得到以下认识。

(1)三峡电站汛期进行一定容量的日调节是可行的,但在调节流量较大情况下,口门区右侧航线的横流和船闸与升船机前的波高将超过通航标准。日调节试验方案在最大调节流量7200m³/s时,70+6年与50+4年淤积地形条件下,船闸前的波动和口门区右侧的横流均超标,70+6年比50+4年要差。

(2)电站机组开启在库区形成负波,水体流出引航道,口门区横流向右,电站机组关闭在库区形成正波,水体流入引航道,口门区横流向左。负波或正波波高以及口门区横向流速随调节流量增加而增加,与起始流量及电站机组开关时间(不大于6min)关系不大。靠船墩局部比降与调节流量和调节时间有关,与起始流量关系不大。

(3)70+6年地形,调节流量小于3600m³/s,50+4年地形,调节流量小于4900m³/s,在船闸和升船机闸首前的波高可小于0.5m的限值。最大横流发生在口门区100m断面右侧航线处,在电站调节流量约3000~3400m³/s时,横流接近0.3m/s。调节流量再大时,横流将超过0.3m/s的限值。日调节试验方案所有运行工况的靠船墩比降均满足标准,9驳船队纵向系缆力不超标。

(4)船模出口门上行(左侧航线)试验,日调节试验方案所有运行工况,9驳船队均可顺利航行,日调节对航行的影响主要是纵向流速变化,开启机组时对岸航速加快,关闭机组时对岸航速减慢。船模进口门航行(右侧航线)试验,要十分注意口门右侧的横流,对应的最大允许调节流量,70+6年地形是 2000~3000m³/s,50+4年地形是 3000~4500m³/s。

(5)电站甩负荷不会引起船闸前波高大幅度增加,对口门区流速的影响也不明显,但引航道内比降会明显增大。电站甩负荷流量≤7200m³/s 时,过渡段、靠船墩处比降仍不超标。

(6)双闸灌水与电站开启增负荷同时进行,对船闸前波高及口门区流速有减小作用。双闸灌水与电站关闭减负荷同时进行,对船闸前波高及口门区流速有大幅度增加作用,机组关闭流量减小约 1500~1700m³/s 即可使船闸前波高达到 0.5m,口门区的横向流速也很容易超过0.3m/s 的限值。

(7)平面上分散开启发电机组,对减小船闸和升船机前的波动作用不大,但是考虑到坝前局部水流条件,还是采用分散开启或分散关闭机组的运转措施为好,以免在坝前局部形成过大的波动。

(8)应该坚决避免双闸灌水与电站关闭(或甩负荷)同时进行的不利运转工况。

(9)导航隔流堤开口可以降低日调节过程中引航道内的波高。电站机组错开运行可以有效地减小口门区横向流速。每次开启或关闭 2 台机组(约 2000m³/s),间隔一段时间(12min 以上,越长越好)后,再开启或关闭另 2 台机组,则口门区横流可以不超过0.3m/s 的限值。

(10)船队航行通过口门区的时间,最好与电站日调节口门区横向流速最大的一段时间(12min 以上,大于 1/2 波动周期)错开。也可以考虑在右侧航线水流条件不利情况下,从左侧航线进入引航道。

(11)船闸前长周期(大于 20min)的波动(水位升降)与短周期的波动有所不同,为最大限度发挥三峡枢纽综合效益,需要进一步论证日调节在引航道内的水位波动对船闸及升船机的影响方式,并研究相应的水位波动标准。

(12)分析表明,水库运转初期,日调节时船闸前的波高、口门处平均流速较小。随着淤积年份增加,日调节通航水流条件逐渐变差。但是,日调节再加上船闸灌水的作用,引航道内水流条件会变得很复杂。应对水库运转初期日调节与船闸灌水联合运行条件下引航道内的通航水流条件进行深入研究。

(13)由于将来三峡上游水沙条件变化,试验成果中定量的数据不可能准确,但是定性的规律还是可以应用的,研究成果对初期的水库调度具有指导意义。今后应根据三峡工程汛期实际运转情况,加强上游日调节引航道水位波动与口门区横流的原型观测工作,进一步认识日调节水流运动规律,寻找通航水流条件的改善措施。

9.6 坝前原地形试验的主要结论

(1)利用数学模型在三峡坝区原地形条件下开展的电站日调节试验表明,空库条件下船闸灌水与日调节非恒定流的运动规律和淤积地形的成果是一致的,只是波高与流速整体上比淤积地形偏小。

(2)双闸同时灌水,升船机上闸首波高最大到 0.40m。在调节流量 8000m³/s,升船机上闸首波高最大达 0.42m。在调节流量 6000m³/s 条件下,引航道端部的波高最大为 0.41m。电站机组增负荷(减负荷)与双闸同时灌水联合运行,引航道端部波高达0.66m。以上波高对升船机的安全运转均可能构成不利影响,须采取相应措施。

（3）为减小引航道端部水位波动,在导航隔流堤根部使引航道内侧水体与外侧库区的水体连通。在计算条件下,在升船机或船闸附近,能减小水位最大波幅值的50%~70%。该措施简单易行,为解决相似工程中同类问题,找到了一个行之有效的工程措施。

（4）计算条件下,船闸灌水、电站日调节以及两者联合运转,均在上游引航道形成周期性的水位波动,且最大波高均在引航道端部发生,波动周期均约为19min。因此可以利用同频率波动叠加原理,减小引航道内的波高,改善引航道内的水流条件。

（5）应用周期相近的水位波动叠加原理,进行船闸灌水、电站日调节非恒定流的相互抵消和叠加试验。得到了现状地形条件下,三峡电站机组启闭、船闸灌水组合运转的最不利情况和减小波高的方法,可用于指导枢纽运转调度。按这个原则进行枢纽、船闸运转调度,最大可降低波动幅度约50%,效果显著。

具体应用时需要在枢纽和上游建立水位、流速、流量等自动测量装置,实时监测上游来水和枢纽运转情况,通过现场模型实时预测引航道内的长波运动,计算出船闸灌水、电站机组开启或关闭的最有利时机。

参 考 文 献

[1] 孟祥玮,周华兴,郑宝友.三峡枢纽运转非恒定流对上游引航道及口门区通航水流条件的影响及对策研究[R].天津:天津水运工程科学研究所,2010.

[2] 唐兆华.从融江看水电站不均匀泄流对下游航道的影响[J].水运工程,1981(5).

[3] 唐银安,吴学良.白龙江碧口水电站下泄不稳定流延程变化及其对下游航道的影响[J].水运工程,1983(2).

[4] 水利电力部.水利动能设计手册 治涝分册[M].北京:水利电力出版社,1988.

[5] 交通部三峡工程航运办公室.三峡工程泥沙和航运关键技术研究成果汇编[G].1991.

[6] 交通部三峡工程航运领导小组办公室.三峡工程通航标准,1992.

[7] 饶冠生,孙尔雨,等.水电站下游河道中不稳定流的问题研究[R],武汉:长江科学院,1987.

[8] 王秉哲.枢纽泄洪及船闸充泄水引航道内非恒定流对通航水流条件的影响及改善措施研究[R].天津:天津水运工程科学研究所,1996.

[9] 周雪漪.计算水力学[M].北京:清华大学出版社,1995.

[10] 史德亮.三峡工程上游引航道往复流对通航的影响[J].长江科学院院报,1998(4).

[11] 孟祥玮.船闸灌泄水引航道非恒定流的研究[D].天津:天津大学,2009.

[12] 黄国兵.三峡工程上游引航道非恒定流数值分析与计算[J].长江科学院院报,1997(03).

[13] 陈阳,李焱.船闸引航道内水面波动的二维数学模型研究[J].水道港口,1998,21(7).

[14] 孙尔雨,孙家斌.三峡船闸上引航道通航水流条件研究[J].长江科学院院报,1996(3).

[15] 李发政,孙家斌.三峡船闸下引航道通航水流条件研究[J].长江科学院院报,1999(5).

[16] 吴时强,王煌.水电站非正常运行下库区涌浪数值模拟[J].水利水运科学研究,1999,(32):1-8.

[17] 孟祥玮,等.三峡工程枢纽泄洪及船闸灌泄水对通航水流条件的影响及改善措施试验研究[R].天津:天津水运工程科学研究所,2001.

[18] 南京水利科学研究院.三峡水利枢纽通航建筑物"全包"正向取水方案坝区泥沙淤积和通航水流条件试验研究总报告[R].南京:南京水利科学研究院,2000.

[19] 郑邦民,等.洪水水力学[M].武汉:湖北科学技术出版社,2000.

[20] 鲁军,袁达夫,等.长江三峡水利枢纽电站提高调峰能力研究报告[R].北京:水利部长江水利委员会,2000.

[21] 丁毅,鲁军,等.三峡电站日调节模拟计算[R].北京:水利部长江水利委员会,2000.

[22] 孙尔雨,杨文俊,等.三峡电站汛期调峰对航运的影响实体模型初步试验研究报告[R].北京:水利部长江水利委员会,2000.

[23] 孙尔雨,杨文俊.三峡工程引航道非恒定流通航条件研究[J].中国三峡建设,2001,25(6).

[24] 杜宗伟,舒荣龙,等.三峡电站汛期调峰对两坝间通航条件影响试验研究报告[R].重庆:

重庆西南水运工程科学研究所,2000.

[25] 孟祥玮,李焱,等.三峡工程水库综合调度非恒定流通航水流条件试验报告[R].天津:交通部天津水运工程科学研究所,2000.

[26] 孟祥玮,等.三峡水利枢纽通航建筑物口门区及其连接段的通航水流条件试验研究报告[R].天津:交通部天津水运工程科学研究所,2001.

[27] 梁应辰.三峡工程通航建筑物技术设计审查[J].中国工程科学,2000,2(5):34-43.

[28] 梁应辰,等.长江三峡、葛洲坝水利枢纽通航建筑物总体布置研究[M],北京:人民交通出版社,2003.

[29] 孟祥玮,等.三峡库区河道日调节负波运动规律[J].水利水运工程学报,2001(增刊),95-97.

[30] 李焱,等.三峡工程船闸灌水上游引航道内水力特性数值模拟[R].天津:天津水运工程科学研究所,2001.

[31] 中华人民共和国行业标准.JTJ 305—2001 船闸总体设计规范[S].北京:人民交通出版社,2001.

[32] 闵宇翔.三峡电站日调节对航运的影响[J].水运工程,2002.

[33] 中华人民共和国行业标准.JTJ/T 235—2003 通航建筑物水力学模拟技术规程[S].北京:人民交通出版社,2003.

[34] 孟祥玮,郑宝友,王秉哲.三峡枢纽通航水流条件研究[J].中国三峡建设,2004.

[35] 孟祥玮,等.三峡工程电站汛期日调节对上游通航水流条件的影响及改善措施研究[R].天津:天津水运工程科学研究所,2003.

[36] 孟祥玮,等.三峡工程综合调度非恒定流通航水流条件试验报告[R].天津:天津水运工程科学研究所,2005.

[37] 周华兴,等.三峡电站日调节对船闸引航道运转条件的影响[J],水道港口,2005(1).

[38] 王敏芳,卢文蕾,陈作强.通航建筑物口门区及连接段通航水流条件研究[R].成都:四川交通勘察设计院,2006.

[39] 李焱,周华兴,刘清江.通航建筑物引航道通航水流条件研究[R].天津:天津水运工程科学研究所,2007.

[40] 周华兴.船闸通航水力学研究[M].哈尔滨:东北林业大学出版社,2007.

[41] 须清华,张瑞凯.通航建筑物应用基础研究[M].北京:中国水利水电出版社,1994.

[42] 涂启明.船闸总体设计中的通航水流条件[J].水运工程,1985(10):16-21.

[43] 船闸灌水时引航道中的波浪[R],Hans-Werner Partenscky 著 P. A. S. C. E. Journal of Waterways and Harbors Division Volume86 No. wwl MarcH1960 Part1. 水利部、交通部、电力工业部,南京水利科学研究院宗幕伟、须清华译,杨孟藩校.

[44] 宗慕伟,杨孟藩.船闸输水系统设计[R].南京:南京水利科学研究院,1989.

[45] 曹民雄,等.电站日调节非恒定流对航道整治效果的影响[J].水利水运工程学报,2011(3).10-17.

[46] 房丹.电站日调节非恒定流水力学特性研究[D].重庆:重庆交通大学,2006.

[47] 陈启慧,等.水电站日调节对河流生境条件的影响的生态水文评价方法研究[J].水利水

电技术,2013(9):35-38.

[48] 刘亚辉.景洪水电站对下游近坝段通航条件的影响[J].水利水运工程学报,2012(4):103-107.

[49] 李旺生.管窥美国密西西比河流域航道发展后的浅见和启示[J].水道港口,2008(2):119-123.

[50] 乐培久.电站日调节泄流对下游航运影响及其防治措施[J].水道港口(增刊),2004.

[51] 米哈伊洛夫.船闸[M].上海:上海科学技术出版社,1957.

[52] 苏联建筑法规.CHUIT II-55-79 挡土墙、船闸、过鱼及护鱼建筑物设计规范[S].

[53] 孟祥玮,戈龙仔,刘红华. 三峡库区汛期日调节通航水流条件一维数学模型[J]. 水道港口, 2004, 25(3).

[54] 孟祥玮,李焱,李一兵.三峡电站日调节对上游通航水流条件影响的研究[J].水道港口, 2001(04).

[55] Delft3d - Flow, Simulation of Multi - Dimensional Hydrodynamic Flows and Transport Phenomena, Including Sediments User Manual, 2005.

[56] Delft3d - Rgfgrid, Generation and Manipulation of Curvilinear Grids for Flow and Wave User Manual, 2005.

[57] Delft3d - Quickin, Generation and Manipulation of Gridrelated Parameters such as Bathymetry, Initial Conditions and Roughness User Manual, 2005.

[58] Delft3d - Quickplot, Visualisation and Animation Program for Analysis of Simulation Results User Manual, 2004.

[59] Delft3d - Matlab, Interface to Matlab for Flexibility in Visualisation and Data Analysis User Manual, 2004.

索　引

后　记

近 30 年来，三峡枢纽通航水流条件研究取得了大量成果。

通过对三峡工程设中间渠道方案的非恒定流试验，提出了能反映对航运影响的表征非恒定流特性的水力参数，深入研究了中间渠道内非恒定流的各种影响因素，为优化引航道及船闸进出口布置形式提供了科学依据。

通过不同淤积地形条件下的三峡枢纽上下游水流条件试验，提出了三峡工程通航水流条件技术参数供工程使用。

造成引航道口门区航行条件的影响因素是泥沙淤积、工程布置形式、地形 条件以及船闸灌泄水非恒定流、大坝泄洪在引航道内形成往复波流、水库洪水调度非恒定流和电站日调节产生的非恒定流等。

在国内外首次提出并通过深入研究解答了因坝上游河势改变、流速加大引发的引航道内往复流生成机理和改善措施及途径。

要减弱引航道内的往复流必须从引航道布置着手，减弱引航道口门外的流速，改善流态。这项成果对三峡工程通航建筑物布置有重大实际意义，对推进引航道内往复流的研究也有重大的理论价值。

在上下游通航水流条件研究过程中，对主航道与口门区之间的过渡段航道通航条件的认识逐步加深，明确了引航道连接段的概念，认为连接段的通航水流条件标准应该介于主航道与口门区的标准之间，最好辅以船模航行试验。

三峡工程汛期日调节对上游通航水流条件影响的试验研究，在相对较短的库区河道模型，采用高精度超声波水位仪和自动数据采集系统，测量水库日调节的水位变化过程，研究泄水波的变化规律，是大比尺水工模型试验技术的进步。

研究揭示了三峡电站日调节非恒定流在坝上河道型水库形成及传播规律及其对通航水深、流速、波高等水流条件的影响方式，特别是找出了汛期日调节的不利工况和改善措施，为水库日调节合理的运行方式提供了科学依据。

在"七五"、"八五"、"九五"及其后的科学研究过程中，深感试验的科学意义重大。三峡通航方案在不同的设计阶段，经历了多次修改。所有这一切，都围绕着发挥三峡防洪、发电、通航三大综合效益进行。期间，进行了多个水工模型试验，试验数据对最后方案的确定起了关键作用。

根据模型试验，全包方案在枢纽建成后的头几十年，在设计通航流量条件下满足航行标准要求。而达到淤积平衡地形以后，在流量超过 $45000 \text{m}^3/\text{s}$，上下游口门区以外的连接段水流条件会超标。因此以后还要在这方面做工作，主要应该从水库运转后实际的淤积情况观测以及船型船队改进等方面入手。

三峡五级船闸已经建成通航，应该继续研究改善船闸运转条件的措施，包括加快船舶安全过闸的条件,以及引航道内的波动对首末级人字门的动水作用等。三峡升船机主要用于客轮快速过坝,是世界上规模最大,难度最高的升船机。而建立升船机的运转模型,进行过船试验,对承船厢内泊稳,引航道的波动等一系列问题进行研究,是确保升船机万无一失的必要手段。

对三峡升船机引航道内非恒定流引起的承船厢误载水深偏大的问题,一直没有很好地解决。根据原型观测和数学模型试验研究,上游引航道的波动幅度约为0.4m左右。如果船闸灌水的波动与日调节叠加,则可能出现更大的波高。因此,研究在三峡上游引航道改善通航水流条件的船闸运转措施,意义重大。

主要研究内容应该有:①上游引航道通航水流条件实时观测系统的设计与程序控制;②船闸泄水、电站调节与枢纽泄洪非恒定流在下游引航道中的波流运动数学模型;③原体软硬件调试。通过该项目的开展,可以改善上游引航道非恒定流通航水流条件,控制波动幅度,以达到保证船舶安全过坝,以及升船机本身安全运行的目的。

另外,由于三峡工程已经开始蓄水发电,有关水库及电站调度方面还有许多工作要做。如汛期洪水调度通航水流条件等,研究应该结合实际运转条件,范围应该包括坝上、两坝间以及葛洲坝以下的航道。

三峡大坝下游河道水深比上游小,枢纽泄洪、船闸泄水、电站日调节非恒定流对通航水流条件的影响比上游大。因此需要继续深入研究下游引航道往复流变化及水位升降规律。通过研究,可以预知三峡枢纽运行初期升船机下游引航道非恒定流通航水流条件,还可以对影响船舶过闸安全的因素提出改善措施,以达到保证船舶安全过坝,以及升船机本身安全运行的目的。因此,应进一步研究非恒定流对三峡枢纽升船机下游引航道通航水流条件的影响,并寻求改善措施。首先是开展升船机下游引航道通航水流条件研究,观测船闸泄水、电站调节与枢纽泄洪非恒定流在引航道中的波流运动对船舶与升船机运转的影响。然后是水流条件改善措施试验研究,提出升船机下游引航道水位波动与船闸泄水、枢纽泄流流量、电站调节流量等变化的关系成果,提出减小引航道水位波动的运转措施或工程措施,为保证船舶在引航道航行安全与升船机运转安全提供技术支持。

需加强三峡枢纽通航水流条件原型观测工作。为配合三峡工程枢纽可行性技术论证、初步设计和技术施工设计,进行了数以百计的各种比尺的局部和整体模型试验,以指导和完善工程设计。目前,工程已经竣工,其中的通航建筑物已经运转了多年,亟需通过大量的原型观测检验模型试验的成果,以利总结和提高,把经验上升到理论,编入规范,指导今后的工作。

三峡工程通航水流条件的研究,是为了保证船舶与船队安全畅通过坝。通航安全问题与船舶本身的性能有很大关系。随着科学技术的进步,高性能或者高科技船舶逐渐出现,通航水流条件标准的研究和制定要密切联系船舶本身性能提升带来的变化。

随着工程进展,对问题本质的认识不断深入,对研究采用的技术,理论、试验手段等都不断地提出了新要求。工欲善其事,必先利其器。因此,应该对试验设备、水力学基础理论进行相应的研究,这对于提高科研水平,保证工程质量具有重要意义。

作者

2015 年 10 月